La Teoria Unitaria

Ulisse Di Corpo e Antonella Vannini

www.sintropia.it

INDICE

Sommario

PROLOGO...1

LUIGI FANTAPPIE'...3

ULISSE DI CORPO 31

ANTONELLA VANNINI...53

EPILOGO 67

   - Il ruolo delle intuizioni...67

   - Gli attrattori in biologia: l'esempio dell'agricoltura sintropica.........69

   - Unità nella diversità 73

   - Bellezza nelle creazioni scientifiche 75

   - Il ruolo della morte 75

   - Il futuro dell'umanità 76

LIBRI 79

RINGRAZIAMENTI

Questo libro è stato ispirato dalle opere del professor Luigi Fantappiè e dalla sua *"Teoria unitaria del mondo fisico e biologico"* del 1942.

Vogliamo esprimere la nostra gratitudine ad Elena Fantappiè per il suo prezioso aiuto e la sua collaborazione.

PROLOGO

Pochi giorni prima di Natale del 1941, mentre parlava con un fisico e un biologo, il matematico Luigi Fantappiè ebbe l'intuizione della teoria unitaria. Negli anni '20 i fisici avevano respinto metà delle soluzioni delle equazioni fondamentali dell'universo, poiché implicano la retrocausalità e la possibilità del moto perpetuo. Analizzando le proprietà matematiche delle soluzioni che erano state scartate, Fantappiè notò che coincidono con le qualità misteriose della vita, come la concentrazione di energia, l'aumento della differenziazione, della complessità e dell'ordine. Per descrivere queste proprietà Fantappiè coniò il termine sintropia, combinando le parole greche *syn* che significa convergenza e *tropos* che significa tendenza.

Altri scienziati stavano arrivando ad intuizioni simili. Tra questi, il paleontologo Pierre Teilhard de Chardin e lo psichiatra Wilhelm Reich. Stranamente, tutti morirono in modo analogo a metà degli anni '50 e i loro libri vennero distrutti e le loro idee divennero inaccessibili.

I libri di Teilhard furono rimossi da tutte le librerie e le biblioteche per disposizione del Vaticano che emise un decreto che ordinava il ritiro dalle sue opere, insieme a tutti quei libri che favorivano questa errata dottrina.

La teoria unitaria di Luigi Fantappiè scomparve immediatamente dopo la sua morte e divenne introvabile; dal suo archivio privato vennero rimossi tutti i documenti relativi alla sintropia e alla teoria unitaria.

Wilhelm Reich venne arrestato e morì in carcere qualche giorno prima di essere rilasciato. Tutti i suoi libri e le sue pubblicazioni vennero dati alle fiamme, probabilmente il caso più grave di censura che si è verificato nella storia degli Stati Uniti.

Il 19 aprile 1977 ebbi l'intuizione della sintropia e della teoria unitaria e nel 2010 Antonella Vannini ha fornito le prove sperimentali a sostegno di questa teoria. L'ipotesi su cui Antonella lavorava era molto semplice: *"Se la vita si alimenta di sintropia, i sistemi che sostengono i processi vitali, come il sistema nervoso autonomo, dovrebbero mostrare attivazioni retrocausali."* Diversi studi sperimentali avevano già mostrato che la frequenza cardiaca e la conduttanza cutanea reagiscono in anticipo a stimoli a contenuto emotivo.

Sotto forma di una conferenza immaginaria questo libro consente a Luigi Fantappiè di presentare nuovamente la sua teoria unitaria.

Ulisse Di Corpo
Roma, 21 dicembre 2016

LUIGI FANTAPPIE'

Grazie per l'opportunità che mi state offrendo di presentare di nuovo, dopo 75 anni, la mia teoria unitaria del mondo fisico e biologico.

Nei giorni antecedenti il Natale 1941, in seguito ad alcune discussioni con due colleghi, un biologo e un fisico, mi si svelò improvvisamente un nuovo immenso panorama che cambiava radicalmente la visione dell'Universo, avuta in retaggio dai miei Maestri, e che avevo sempre ritenuto il terreno solido e definitivo, su cui ancorare le ulteriori ricerche, nel mio lavoro di uomo di scienza.

Tutto a un tratto vidi infatti la possibilità di interpretare opportunamente una immensa categoria di soluzioni (i cosiddetti "potenziali anticipati") delle equazioni (ondulatorie), che rappresentano le leggi fondamentali dell'Universo.

Tali soluzioni, che erano state sempre rigettate come "impossibili" dagli scienziati precedenti, mi apparvero invece come "possibili" immagini di fenomeni, che ho poi chiamato "sintropici", del tutto diversi da quelli fino allora considerati, o "entropici", e cioè dai fenomeni puramente meccanici, fisici o chimici, che obbediscono, come è noto, al principio di causalità (meccanica) e al principio del livellamento o dell'entropia.

I fenomeni "sintropici", invece, rappresentati da quelle strane soluzioni dei "potenziali anticipati", avrebbero dovuto obbedire ai due principi opposti della finalità (mossi da un "fine" futuro, e non da una causa passata) e della "differenziazione", oltre che della "non riproducibilità" in laboratorio.

Se questa ultima caratteristica spiegava il fatto che non erano mai stati prodotti in laboratorio altro che fenomeni dell'altro tipo (entropici), la loro struttura finalistica spiegava invece benissimo il loro rigetto "a priori" da parte di tanti scienziati, i quali accettavano senz'altro, a occhi chiusi, il principio, o meglio il pregiudizio, che il finalismo sia un principio "metafisico", estraneo alla Scienza e alla Natura.

Con ciò essi venivano a sbarrarsi la strada di un'indagine serena sulla effettiva possibilità di esistenza in natura di tali fenomeni, indagine che io mi sentii invece spinto a compiere da una attrazione irresistibile verso la Verità, anche se mi sentivo precipitare verso conclusioni così sconvolgenti, da farmi quasi paura; mi sembrava quasi, come avrebbero detto i Greci antichi, che lo stesso firmamento crollasse, o, per lo meno, il firmamento delle opinioni correnti della Scienza tradizionale.

Mi risultava infatti evidente che questi fenomeni "sintropici", e cioè "finalistici", di "differenziazione", "non riproducibili", esistevano effettivamente, riconoscendo fra essi, tipici, i fatti della vita, anche della nostra stessa vita psichica, e della vita sociale , con conseguenze tremende.

Come sapete sono un matematico. Sono nato a Viterbo il 15 settembre 1901 e mi sono laureato alla Scuola Normale Superiore di Pisa, all'età di 21 anni. Durante gli anni dell'università ho stretto amicizia con Enrico Fermi e con i fisici che lui frequentava. Ero molto conosciuto tra i fisici e dopo la discussione della tesi trascorsi un periodo a Parigi e in Germania dove tenni conferenze e lezioni. Tornato in Italia, mi venne assegnata una cattedra come professore ordinario. Prima della seconda guerra mondiale, negli anni 1934-1939, andai a San Paolo del Brasile, dove fondai la facoltà di matematica. Nell'aprile del 1951 Oppenheimer mi invitò a diventare membro dell'Istituto di Studi Avanzati di Princeton e lavorare direttamente con Einstein.

Sono morto a 55 anni, nella notte tra il 28 e il 29 luglio 1956. Avevo una casa a Bagnaia, una bellissima città medievale vicino a Viterbo. Stavo lì per il fine settimana. Domenica pomeriggio sarei dovuto tornare a Roma per seguire uno dei miei studenti che doveva discutere la tesi di laurea il lunedì mattina. Sabato mi sentivo bene, trascorsi l'intero pomeriggio a camminare sulle colline, con il mio fedele cagnolino. Quella sera vennero a trovarmi due persone che volevano parlare delle ultime scoperte scientifiche e si presentarono con dei dolci per i quali ero molto goloso. Quella notte morii nel sonno. A distanza di sessant'anni ritengo che la mia morte sia da annoverare tra le tante che in quel periodo decimarono gli scienziati che lavoravano su idee simili alla mia.

Troverete strano che un matematico si avventuri in un'esplorazione così ampia in campi di altre scienze, senza averne una conoscenza specifica. Questa considerazione mi ha fermato a lungo, ma quando ho illustrato la teoria unitaria all'amico e collega Professor Azzi dell'Università di Perugia e dopo aver ricevuto da lui un forte sostegno, ho sentito il dovere di formularla in modo più dettagliato e di discuterla con colleghi di altre discipline. L'incoraggiamento che ho ricevuto mi ha convinto che questa teoria offre una possibilità unica per l'unificazione di tutti i fenomeni della realtà. Permette di trattare all'interno della stessa cornice razionale i fenomeni fisici, chimici e biologici, compresi anche quelli della coscienza e della personalità. Fornisce inoltre interpretazioni dei fenomeni fondamentali della meccanica quantistica.

Ho presentato per la prima volta la *Teoria Unitaria* il 3 novembre 1942, in una conferenza del Consejo Nacional de Investigaciones Cientificas che si è tenuta a Madrid. Venni poi invitato a Barcellona dove il 1° dicembre 1942, discussi i dettagli della teoria in un incontro privato presso l'Accademia delle Scienze.

Nei giorni che vanno dal 31 maggio al 2 giugno 1943 venni invitato dal professor Carlini alla conferenza di Scienza e Filosofia che si tenne presso la Scuola Normale Superiore di Pisa. In questa occasione presentai la Teoria Unitaria a scienziati dei più diversi orientamenti ed ebbi modo di discuterla con molti colleghi. Mi venne dato un intero pomeriggio per le domande e le risposte. Fu allora che decisi di scrivere *La Teoria Unitaria del Mondo Fisico e Biologico*.

La teoria unitaria:

1. conferma la legge della causalità e il secondo principio della termodinamica per tutti i fenomeni che chiamiamo entropici. La causalità, che era una categoria concettuale, diventa adesso una legge dei fenomeni entropici, che ha

un significato preciso e oggettivo.

2. descrive fenomeni totalmente diversi da quelli entropici, che possiamo trovare nelle proprietà misteriose della vita. Questi fenomeni sono previsti e spiegati dalle stesse equazioni che governano i fenomeni entropici, ma sono essenzialmente diversi e permettono di vedere un panorama immenso, che potrebbe essere più vasto, diversificato e significativo dei fenomeni entropici.

3. mostra che la stessa equazione d'onda che combina la relatività ristretta con la meccanica quantistica predice fenomeni sintropici ed entropici. I fenomeni sintropici sono mossi da attrattori, finalità, mentre i fenomeni entropici sono mossi da cause.

Gli scienziati avevano postulato che con la causalità tutti i fenomeni naturali potessero essere riprodotti. La Teoria unitaria mostra che solo i fenomeni entropici possono essere causati e riprodotti, mentre i fenomeni sintropici non possono essere causati e riprodotti, possono solo essere osservati.

Tutta la conoscenza che è stata sviluppata negli ultimi secoli usando il metodo sperimentale, su cui si basa la scienza, è limitata al lato entropico della natura, mentre per i fenomeni sintropici abbiamo bisogno di una nuova metodologia scientifica.

I fenomeni sintropici possono essere influenzati indirettamente da specifici fenomeni entropici, ma nel complesso costituiscono una parte estremamente importante dell'universo che va oltre la nostra possibilità di manipolazione.

Il lato entropico della realtà non riesce a rendere conto della totalità, poiché le leggi della natura sono simmetriche rispetto al tempo e possono essere divergenti/entropiche e convergenti/sintropiche, e quest'ultimo tipo di fenomeni sono l'essenza di questa scoperta.

Se guardiamo alla conoscenza attuale della struttura intima dell'Universo, vediamo che può essere riassunta in tre punti fondamentali:

1. La teoria atomica di Dalton del XVIII secolo e successivamente migliorata da Stanislao Cannizzaro, con la distinzione di molecole e atomi, da Lorentz con la teoria delle particelle dell'elettromagnetismo e da Planck ed Einstein con la teoria quantistica dell'energia. Questi risultati sull'intima natura delle particelle atomiche, della materia e dell'intero universo sono ora considerati acquisiti, poiché sono stati testati e convalidati per più di due secoli.

2. La natura ondulatoria di tutti i fenomeni fisici, se considerati nella loro essenza più profonda, a livello della meccanica quantistica, studiato da Heisenberg, Schrödinger, Dirac e altri, ha dato vita alla fisica nucleare moderna. La natura ondulatoria dei fenomeni fisici può ora essere considerata acquisita grazie alla convalida sperimentale di Davison e Germer con i raggi di elettroni che mostrano le proprietà di diffrazione e di interferenza nelle particelle. Queste proprietà sono tipiche delle onde.

3. La validità della teoria della relatività ristretta, che ha

ricevuto conferma a livello atomico, come la spiegazione dell'aumento di massa, l'inerzia dell'elettrone e l'aumento della velocità. Questa teoria porta a una descrizione basata su quattro dimensioni che uniscono lo spazio con il tempo, raggiungendo in questo modo una perfetta simmetria tra la dimensione spaziale e temporale, denominata cronotopo.

Come possono essere armonizzati questi tre elementi fondamentali?

Prima di tutto la natura delle particelle atomiche della materia e la manifestazione ondulatoria sembravano in conflitto, poiché uno è deterministico e l'altro probabilistico.

Al momento questo conflitto è stato risolto dicendo che è impossibile prevedere in modo deterministico il comportamento delle particelle poiché la predizione è attribuita a onde che sono probabilistiche.

Le onde offrono una previsione deterministica solo considerando un numero elevato di particelle.[1]

Nella teoria di Boltzmann e di Poincaré l'Universo era descritto come governato da leggi strettamente deterministiche, sia a livello macro che a livello micro. La probabilità era usata in un modo che era considerato solo temporaneo, con la convinzione che l'evoluzione della

---

[1] I fenomeni ondulatori sono rappresentati da equazioni differenziali con derivate di secondo ordine del tipo iperbolico, mentre per descrivere i fenomeni ottici vengono utilizzate equazioni differenziali ordinarie equivalenti (meccanica canonica). Ciò implica che mentre nella meccanica classica possiamo distinguere traiettorie con la loro propria individualità, nella meccanica ondulatoria la presenza di equazioni con derivate parziali di un ordine iperbolico maggiore di uno conduce a fenomeni che non sono localizzati, con il cambio di tempo, in un'area limitata.

scienza avrebbe sostituito i valori medi di probabilità con i valori esatti delle rigorose leggi deterministiche, che si riteneva fossero alla base anche del microcosmo.

Ora, invece, le leggi probabilistiche di questi fenomeni sono considerate alla base dell'Universo, mentre le leggi deterministiche, valide a livello macro, sono considerate solo una conseguenza della legge dei grandi numeri.

Nel 1927 Schrödinger rinunciò alla relatività ristretta nella formulazione della sua equazione d'onda poiché nella meccanica quantistica le onde dovrebbero propagarsi a velocità infinite, e questo è in conflitto con la teoria della relatività ristretta che proibisce velocità maggiori della velocità della luce.[2] Il conflitto tra l'equazione delle onde non relativistiche di Schrödinger e la relatività ristretta è ovvio anche a livello generale, poiché il tempo appare in modo non simmetrico, come una prima derivata.

È generalmente accettato che l'equazione delle onde di

---

[2] L'equazione d'onda di Schrödinger prende la funzione hamiltoniana H, che caratterizza il sistema nella meccanica classica e misura l'energia totale relativa alle sue coordinate spaziali e ai momenti, e scrive che l'equazione d'onda (che descrive con il quadrato del suo modulo la densità probabilistica) ha una variazione nel tempo (una prima derivata rispetto al tempo, usando il linguaggio matematico) che è proporzionale, per un fattore costante, ad un'espressione che si ottiene applicando alla stessa funzione un operatore differenziale lineare, che è ottenuto dalla funzione hamiltoniana sostituendo il momento con le derivate delle variabili corrispondenti, cambiate usando un fattore costante. Poiché la funzione hamiltoniana è al quadrato per il momento, si ottiene un'espressione lineare dalle seconde derivate riferita solo alle variabili spaziali e un termine che contiene la funzione sconosciuta y (che è relativa al potenziale), e un ultimo termine in cui la prima derivata è relativa al tempo. Nel caso di una singola particella con le coordinate spaziali x, y, z, l'equazione delle onde di Schrödinger è un'equazione differenziale lineare del secondo ordine, che contiene la prima derivata relativa al tempo, e le seconde derivate delle variabili spaziali sono sempre paraboliche (poiché la particella è un termine H che è espresso da un polinomio del secondo ordine nei momenti), dello stesso tipo dell'equazione che governa la conduzione del calore nella materia solida.

Schrödinger sia solo una descrizione temporanea dei fenomeni quantistici, che è valida con buona approssimazione solo in quei casi in cui la velocità della luce può essere considerata infinita, ma che dovrà essere sostituita da una teoria ondulatoria che è più esatta e che concorda con la relatività ristretta.

Al contrario, le equazioni delle onde relativistiche sono simmetriche per tutte e quattro le variabili, le variabili spaziali x, y, z e la variabile temporale t, in accordo con la relatività ristretta. In questo modo si ottiene un'equazione di secondo ordine non solo per la variabile spaziale, ma anche per il tempo, e viene utilizzato l'operatore di D'Alembert.

Lo studio di tale equazione è stato brillantemente condotto da Dirac, considerando tutte le sue implicazioni, nel caso dell'elettrone, scomponendo l'equazione del secondo ordine in un'equazione del primo ordine, e mostrando che questa equazione relativistica dell'onda dell'elettrone permette la spiegazione dei fenomeni che fino ad allora erano difficili da comprendere razionalmente, come il momento magnetico dell'elettrone, che ora chiamiamo spin, che è dovuto alla rotazione dell'elettrone su se stesso. Dirac trovò nella sua equazione che accanto all'elettrone appariva anche una soluzione simmetrica, un elettrone negativo che ora si chiama positrone, che non era stato osservato e che era considerato impossibile.

Ma dopo poco, il positrone fu scoperto da Blackett e Occhialini, e questo convalidò la predizione dell'equazione di Dirac di questa particella, mostrando allo stesso tempo il solido fondamento della meccanica quantistica quando si combina con la relatività ristretta.[3]

È importante sottolineare che sebbene non abbiamo ancora i dettagli delle equazioni dei derivati parziali che descrivono in tutti i loro dettagli i vari sistemi quantistici, possiamo determinare alcune caratteristiche molto importanti di queste equazioni differenziali sconosciute, come il fatto che le proprietà del cono caratteristico si applicano a tutti i campi di dipendenza e influenza delle soluzioni, che sono descritti dall'equazione di Dirac.

Queste proprietà sono state dedotte da quelle dell'operatore di D'Alembert, che è collegato solo alla natura geometrica del cronotopo, e non dipende dalle particolari proprietà della particella, che sono invece descritte dagli altri

---

[3] Le proprietà più importanti della seconda derivata che è stata inizialmente formulata da Dirac sono ottenute dal cono caratteristico, che è determinato dai termini del secondo ordine dell'equazione. Questi termini si trovano applicando l'operatore di D'Alembert alla funzione sconosciuta, e di conseguenza il cono caratteristico è sempre reale, facendo corrispondere il cronotopo che, con il vertice nell'evento assegnato, divide gli eventi dal futuro a quelli passati e da quelli che possono essere concomitanti, secondo la relatività ristretta. Di conseguenza da questa struttura del cono caratteristico il valore della funzione sconosciuta y dell'evento assegnato (vale a dire nel punto del cronotopo con le coordinate x, y, z, t), almeno nel caso degli eventi che abbiamo precedentemente determinato, può dipendere solo dai valori di y ed eventualmente dai termini dell'equazione (che rappresenta la densità della distribuzione delle sorgenti della propagazione dell'onda) nota dagli eventi passati, mentre il valore del punto y e del termine noto può influenzare solo i valori che si acquisiscono nel campo degli eventi futuri. In altre parole, la dipendenza dal campo delle soluzioni dell'evento considerato è attribuita solo agli eventi passati e all'influenza del campo agli eventi futuri, mentre gli eventi esterni al cronotopo non possono influenzare o essere influenzati dall'evento. Per coloro che hanno meno familiarità con la rappresentazione in quattro dimensioni del cronotopo, è sufficiente dire che gli eventi passati, cioè gli eventi che rientrano nei confini del cono, sono dati per ogni istante prima di quello che stiamo considerando t, dai punti all'interno di una sfera con il suo centro nei punti x, y, z con un raggio che diminuisce con la velocità della luce, fino a raggiungere lo zero nell'istante t, mentre gli eventi futuri sono dati, per ogni istante che segue t i punti di una sfera, con lo stesso centro, con un raggio che aumenta con la velocità della luce, a partire dal valore zero nell'istante t.

termini dell'equazione che non influenzano affatto la natura geometrica del cronotopo. Il cronotopo non varia quando consideriamo un diverso tipo di particella, o sistema particellare, avremo che anche per le equazioni di derivate parziali sconosciute, che supportano questi sistemi quantistici, il cono caratteristico e i campi di dipendenza e influenza delle soluzioni sarà lo stesso di quelli che Dirac ha trovato nelle sue equazioni.[4]

Le soluzioni fondamentali dell'operatore di D'Alembert sono state fornite da Poincaré [5], Ritz[6] e Giorgi[7]. Una prima soluzione descrive le onde che divergono dalla sorgente e sono chiamate *potenziali ritardati*.[8] Una seconda soluzione descrive le onde che convergono verso l'origine e sono

---

[4] Questo può essere chiaramente affermato seguendo un altro percorso; se consideriamo solo che nei fenomeni ondulatori le equazioni dei derivate parziali che le descrivono devono essere del tipo iperbolico e devono soddisfare la relatività ristretta, i valori delle soluzioni di un punto x, y, z in un istante t, per qualsiasi fenomeni che abbiamo causato, devono essere la conseguenza di valori all'interno della sfera convergente verso il punto alla velocità della luce (eventi passati secondo la relatività ristretta) e possono influenzare solo quei punti all'interno della sfera che diverge dallo stesso punto, con la stessa velocità (eventi futuri secondo la relatività ristretta), altrimenti se un elemento al di fuori di queste due regioni potesse influenzare o essere influenzato dall'evento, l'azione tra i due eventi dovrebbe propagarsi a velocità superiori alla velocità della luce, che secondo la relatività ristretta è impossibile.

[5] H. Poincaré, Electricité et optiquee, 2.e éd., Paris, 1901

[6] W. Ritz, Recherches critigues sur l'électrodinantique générale, Ann de physique, 8, 13, 1908, 145.

[7] G. Giorgi, *Sulla sufficienza delle equazioni differenziali della fisica matematica*, Rend. Lincei, s. Ga, vol. VIII, 1928. Per un'ampia bibliografia sull'argomento, cfr. A. Cabras, Sulla teoria balistica della luce, Mem. Lincei, s. 6a, vol. III, f. 6°, 1929.

[8] Partendo dall'ipotesi che l'onda inizia sempre da una sorgente, con una densità misurata dal secondo membro conosciuto dell'equazione; questa soluzione è ottenuta in ogni punto come somma (integrale) degli infinitesimi contributi (potenziali) dovuti alle fonti, distribuite nei singoli elementi del volume, negli istanti precedenti (a quello che viene considerato) in un dato momento, è necessario che l'onda diventi alla velocità della luce c, dall'elemento di volume in cui si trova la sorgente nel punto considerato.

denominate *potenziali anticipati*.

Le critiche alla possibilità dei potenziali anticipati sono state fatte principalmente da Wiechert, Lorenz, Poincaré, Ritz e Giorgi, che hanno sottolineato che se esistessero onde convergenti sarebbe possibile concentrare energia e in questo modo progettare una macchina a moto perpetuo. E questo era considerato impossibile.

Ora, vediamo come la nozione di causa e causalità, così come sono intese dai fisici e dagli scienziati moderni, differisce dal più generale "principio deterministico", considerato come la possibilità di fare una previsione.

Quando diciamo che l'evento A causa B, crediamo che una volta osservato A possiamo certamente prevedere B. Ma possiamo anche prevedere che dopo l'evento della notte il Sole sorgerà, ma nessuno può dire che l'alba del Sole sia causata dalla notte. Nella nozione di causalità c'è qualcosa di più.

Quando possiamo dire che A causa B?

La risposta a questa domanda deve essere cercata nel metodo sperimentale, che Galileo ha posto alla base di tutte le scienze moderne.[9]

A è la causa di B quando inserendo sperimentalmente A osserviamo B.

Ma perché un esperimento sia convincente dobbiamo essere liberi, almeno entro certi limiti, di causare A dove e

---

[9] La definizione di causa che diamo qui coincide con la definizione che Galileo ha dato: *"Una causa è quella che quando è presente è seguita da un effetto e quando viene rimossa l'effetto scompare."*

quando vogliamo. Se qualcuno volesse convincerci che A è la causa di B producendo A solo in un luogo e in un tempo specifici, rimarremmo scettici.

Il metodo sperimentale fornisce una risposta esauriente alla domanda se A è la causa di B, solo quando abbiamo la totale libertà di produrre A e vedere se B segue. Solo in questa condizione possiamo essere sicuri che A è la causa di B. Ciò porta all'importante conclusione che possiamo riconoscere gli eventi che sono la causa di altri eventi solo grazie al libero arbitrio dello sperimentatore.

La causalità lascia il posto al "determinismo" più generale e oggettivo che cerca di determinare eventi passati e futuri analizzando eventi presenti. Ma anche il determinismo si è dimostrato insufficiente nello studio delle particelle, lasciando il campo a una prospettiva più ampia nel microcosmo, che si basa sulla probabilità.

Possiamo affermare che allargando la nostra conoscenza le categorie che stavamo cercando di applicare si sono allargate, passando dalla legge della causalità, al determinismo, alle moderne teorie probabilistiche della meccanica quantistica.

Ciò non significa che la causalità e il determinismo dovrebbero essere abbandonati, ma non possono essere usati per spiegare tutta la realtà.

La causalità e il determinismo sono certamente utili e fondamentali nello studio di parti ben definite della realtà. Quando passiamo dalla meccanica ondulatoria al campo deterministico più limitato del macrocosmo, dove si applica la legge dei grandi numeri, le probabilità cambiano in frequenze che possono essere gestite in modo deterministico.

Se isoliamo il sistema in modo tale che nulla avvenga accanto a ciò che lo sperimentatore vuole con il suo libero arbitrio e B è diverso da zero solo dal momento in cui viene prodotto A, possiamo affermare che A causa B. La causa diventa la fonte che causa B e, quindi, ogni evento B che è causato da A, è sempre influenzato da onde divergenti dal punto A. La soluzione che governa B sarà quindi del tipo dei potenziali ritardati.

Ciò implica che i fenomeni causabili sono sempre entropici. Ogni fenomeno entropico, ogni fenomeno basato su onde divergenti ha la sua causa nella sorgente da cui provengono le onde divergenti.

In questo modo arriviamo al teorema fondamentale:

Una condizione necessaria e sufficiente perché B sia entropico è che possa essere causato utilizzando un altro fenomeno A, che è la sorgente da cui vengono emesse le onde divergenti che costituiscono B.

La maggior parte dei fenomeni fisici e chimici, che possiamo studiare nei nostri laboratori, sono entropici.

La causalità si applica ai fenomeni entropici, come quelli studiati in meccanica, acustica, ottica, elettromagnetismo e chimica. Ciò non esclude che in natura possiamo avere altri fenomeni, oltre a quelli entropici, come i fenomeni sintropici, che non possono essere causati usando il nostro libero arbitrio, poiché cadrebbero all'interno dei fenomeni entropici.

Le onde divergenti implicano necessariamente la seconda legge della termodinamica, che afferma che l'entropia non diminuisce, ma aumenta nel tempo.

Da un punto di vista intuitivo possiamo considerare l'entropia come uno stato di livellamento di un gran numero di particelle. Le onde divergenti si diluiscono in spazi sempre più grandi, e se lo spazio è limitato, come accade in un contenitore, la loro intensità tende a livellarsi.

L'equazione delle onde estende questa legge a tutti i fenomeni che sono governati da onde divergenti e in questo modo la seconda legge della termodinamica non è più ottenuta da un postulato probabilistico, come il principio di Clausius del disordine elementare, ma è una logica e necessaria conseguenza della legge di causalità. Quando la legge della causalità si applica a un fenomeno, possiamo dire che questo fenomeno è entropico.

Questo è il motivo per cui è impossibile ottenere una macchina del moto perpetuo. Il degrado dell'energia è una conseguenza necessaria e logica della legge dell'entropia che si applica a tutte le macchine. L'argomentazione principale che viene usata per escludere i potenziali anticipati è che permetterebbero di realizzare macchine di moto perpetuo, convergendo l'energia che prima era dispersa verso un punto e poi divergendola, poi di nuovo convergendo, e così via per sempre.

Le principali caratteristiche e proprietà di quei fenomeni che sono costituiti da onde anticipate, e che ho chiamato sintropiche, sono profondamente differenti dai fenomeni entropici precedentemente descritti.

1. Non possono essere causati dal nostro libero arbitrio, almeno nelle loro componenti essenziali costituite dalle onde convergenti, poiché al contrario rientrerebbero nella categoria dei fenomeni entropici, che sono governati dalla legge della causalità, e caratterizzati da onde divergenti. Per la stessa ragione, i fenomeni sintropici possono essere influenzati, nella loro evoluzione, solo indirettamente da specifici fenomeni entropici, l'unico che possiamo usare, che può modificando l'ambiente in cui si svolgono, poiché è plausibile che se i due fenomeni esistono non sono separati in natura, ma intrecciati.

2. Concentrano l'energia in spazi sempre più piccoli. Anche le particelle rappresentate da queste onde si concentrano progressivamente nel centro delle onde. Mentre i sistemi entropici passano da concentrati a dispersi, nei fenomeni sintropici accade esattamente il contrario. Per prima cosa abbiamo fenomeni dispersi che si concentrano in spazi sempre più piccoli. I fenomeni entropici si manifestano con caratteristiche dissipative. Un esempio è quando accendiamo un fiammifero. Abbiamo una causa che si concentra in un piccolo spazio, da cui si irradia la luce, con un'intensità che diminuisce con la distanza, diluendo l'effetto. I fenomeni sintropici si manifestano con un carattere anti-dispersivo, una manifestazione convergente, che va dal diluito al concentrato in punti specifici. Mentre i fenomeni entropici si irradiano da punti specifici, i fenomeni sintropici si concentrano su

punti specifici.

3. La concentrazione di energia non può essere infinita. Dal momento che non può continuare indefinitamente, dopo una fase di concentrazione sintropica, l'entropia prende il sopravvento. Ciò significa che assistiamo a un processo di scambio di materia e di energia. L'energia e la materia in entrata indicano processi sintropici, energia e materia in uscita indicano processi entropici compensatori.

4. L'entropia diminuisce, poiché con il passare del tempo aumenta la differenziazione. Da un punto di vista formale la sintropia ha lo stesso valore della seconda legge della termodinamica.

5. Vediamo una tendenza alla differenziazione e alla complessità. I fenomeni sintropici si manifestano in forme complesse, come accade nei sistemi biologici che non possono essere spiegati in modo soddisfacente usando solo le loro proprietà fisiche e chimiche.

6. Sono in uno stato continuo di dissipazione di energia (corpi caldi), e questa è una conseguenza del fatto che i sistemi sintropici assorbono energia ma non si evolvono verso la morte termica.

È possibile studiare scientificamente i fenomeni sintropici considerando che l'equazione di D'Alembert è simmetrica rispetto al tempo.

Invertendo la variabile tempo tutte le soluzioni dei potenziali ritardati diventano soluzioni del potenziale anticipati e viceversa. Di conseguenza, un modo molto semplice per ottenere le proprietà sintropiche di un sistema da quelle entropiche è quello di invertire la direzione temporale.

Quasi tutti i fenomeni sono duali. Nella nostra lingua questo è solitamente espresso aggiungendo il prefisso "anti": la combustione diventa anti-combustione, la filtrazione anti-filtrazione, la materia anti-materia, l'energia anti-energia, ecc... Applicando questo principio di dualità possiamo ottenere le caratteristiche dei fenomeni sintropici dai suoi fenomeni entropici.

Secondo l'equazione di D'Alembert, i fenomeni entropici si attivano quando le onde iniziano a divergere dalla sorgente. Per esempio quando accendiamo un fiammifero le onde elettromagnetiche iniziano a divergere alla velocità della luce in tutte le direzioni in modo uniforme.

Quando invertiamo il flusso del tempo, il fenomeno sintropico duale si mostra. Le onde si concentrano verso il centro della sfera, aumentando la loro intensità. Queste onde sono distribuite uniformemente in tutte le direzioni, indipendentemente da dove arrivano.

Consideriamo le onde che si propagano su uno stagno. Possiamo provocare questo fenomeno, che è quindi entropico, lanciando una sasso nello stagno e osservando come le onde si propagano e divergono. Il duplice fenomeno sintropico mostrerebbe queste onde concentrarsi in un punto dal quale la pietra emergerebbe, lasciando l'acqua a riposo. Se potessimo osservare un tale fenomeno, penseremmo che una sorta di essere intelligente l'abbia organizzato.

Ora, immaginiamo un telescopio nuovo di zecca che abbiamo dimenticato nel nostro giardino. All'inizio la ruggine si forma, poi il telescopio cade e si rompe. I pezzi di metallo e vetro si deteriorano per poi gradualmente confondersi con il terreno. Cambiando il flusso temporale, vedremo che dalla terra diversi pezzi di metallo e vetro si separano, quindi trovano il loro posto in un progetto di lenti e tubi che formano il telescopio fino a quando non si ottiene un telescopio nuovo di zecca e perfettamente funzionante.

Ciò che ci stupisce è lo scopo finalistico, che di solito attribuiamo all'azione di un essere intelligente. I processi sintropici esprimono finalità, uno scopo, intelligenza come se una volontà agisse su di loro.

La finalità è la caratteristica dei fenomeni sintropici.

La legge della causalità e la legge della finalità sono conseguenze logiche della dualità intima delle leggi fondamentali della fisica. È possibile affermare che senza cause i fenomeni entropici non possono esistere e senza finalità i fenomeni sintropici non possono esistere. Senza cause e finalità, le equazioni delle onde sarebbero nulle. Di conseguenza, la finalità non è una manifestazione accidentale di un fenomeno sintropico, ma una condizione necessaria del fenomeno sintropico, senza il quale non potrebbe esistere.

La scienza ha studiato le caratteristiche entropiche fisiche e chimiche della vita, senza afferrare l'essenza della vita. Ora è ben acquisito in biologia, grazie agli esperimenti ideati da Pasteur, che non c'è possibilità di produrre spontaneamente la vita senza partire da una quantità minima di vita. Questo è indicato usando le parole latine «*vivum nisi ex vivo*». La vita nasce dalla vita. È impossibile creare la vita a nostro piacimento. La non causabilità della vita ci dice che è un fenomeno sintropico. È anche noto che i fenomeni vitali non possono essere influenzati direttamente, ma solo indirettamente. Ad esempio, non possiamo creare piante o animali con le nostre mani, ma possiamo solo coltivarle o allevarli.

Tutti gli organismi viventi concentrano nel loro corpo materia ed energia. Questa tendenza è visibile soprattutto nelle piante ed è dovuta al processo clorofilliano.

Possiamo quindi supporre che nelle piante esista una prevalenza quantitativa del fenomeno sintropico convergente, che è presente anche negli animali nella loro fase di crescita, bilanciato con i processi entropici nella fase adulta, che iniziano a diventare gradualmente più rilevanti con l'invecchiamento e quindi totalmente prevalenti con la morte.

È interessante notare che nel metabolismo i processi sintropici di assorbimento di materia ed energia e costruzione di strutture sono chiamati *anabolici*, mentre i processi entropici di dissipazione, distruzione della struttura e rilascio di energia e materia sono chiamati *catabolici*.

Il processo sintropico di assorbimento di energia è sempre associato al suo doppio, la dissipazione di energia. Una delle principali proprietà della vita è che rilascia costantemente energia. Questo costante rilascio di energia e di sottoprodotti è accompagnato dall'assimilazione di materia ed energia. Un processo di scambio di materia ed energia che prende il nome di metabolismo.

Durante il periodo di crescita, i processi anabolici sono prevalenti e si osserva un aumento della differenziazione.

È interessante notare che la probabilità che la più piccola molecola proteica si presenti casualmente è inferiore a 10^{-600}. Questo è un numero incredibilmente piccolo, rappresentato da uno 0 seguito da 600 zeri e alla fine, sulla destra, dal numero 1. In altre parole, la formazione spontanea della più piccola molecola di vita è praticamente impossibile. L'incredibile quantità di proteine che la vita produce contrasta con la seconda legge della termodinamica: la legge dell'entropia non si applica alla vita e la vita non è un fenomeno entropico.

La finalità è la caratteristica fondamentale di ogni fenomeno sintropico, analogamente al principio di causalità che è la caratteristica fondamentale di ogni fenomeno entropico.

Solo grazie al principio di finalità possiamo comprendere logicamente l'architettura dei sistemi viventi. Gli organismi si differenziano in organi che sono armonicamente coordinati e disposti in modo da raggiungere uno scopo. Ad esempio, lo sviluppo dell'occhio parte da cellule molto simili, che poi si differenziano e si sviluppano in modo tale da costruire gli elementi di un occhio perfetto, come le lenti, il corpo vitreo, che sono molto più complesse di una singola proteina.

Cercare di comprendere la vita attraverso i suoi elementi fisici e chimici, che sono governati dalla causalità, è solo un'illusione. La finalità su cui si fonda la vita è duale al principio di causalità che governa i sistemi entropici. La causalità è l'essenza del mondo fisico, la finalità è l'essenza della vita. I sistemi viventi tendono a scopi e hanno una missione. Più grande è la missione, più complesso è il sistema vivente.

Se esaminiamo la teoria dell'evoluzione di Darwin, vediamo che si basa su tre fatti: la variabilità delle forme di vita, la lotta per la sopravvivenza e la lunga permanenza della vita sulla Terra. Questi fatti non possono essere negati, ma non sono sufficienti a spiegare la vita e tutte le varie specie di organismi.

Nel 1865 gli esperimenti di Mendel sull'ibridazione delle piante sembrarono dimostrare la teoria dell'evoluzione che Charles Darwin aveva pubblicato nel 1859. Ma con Mendel non stiamo assistendo alla formazione di nuove specie, stiamo assistendo alla separazione delle informazioni genetiche in diversi caratteri e forme.

Secondo Darwin, all'inizio solo pochi e semplici sistemi di vita unicellulari potevano esistere.

Darwin introduce il concetto di variabilità casuale come origine di nuove specie. Per quanto riguarda la casualità, la probabilità della formazione casuale di qualsiasi sistema vivente può essere calcolata usando la teoria cinetica dei gas che considera tutte le possibili combinazioni con la stessa probabilità. Usando questa ipotesi la probabilità della formazione della proteina più piccola è inferiore a 10^{-600}. È quindi facile immaginare quanto sia più bassa la probabilità di formazione di un organo, come l'occhio, l'orecchio o qualsiasi altro organo che usiamo comunemente. La probabilità della formazione di un animale intero è ancora più piccola. Le permutazioni casuali che sono richieste per la formazione di una sola proteina sono maggiori di tutte le possibili permutazioni nella storia dell'intero Universo. Di conseguenza, la lunga permanenza della vita sulla Terra non è sufficiente per spiegare nemmeno la formazione delle più piccole forme di vita. La probabilità che la vita accada per caso è di gran lunga inferiore alla probabilità di assistere al congelamento dell'acqua messa in una pentola su una fiamma di un fornello.

Se la vita fosse causata, dovrebbe obbedire alla legge dell'entropia e andare verso la dissoluzione di qualsiasi forma di organizzazione e complessità. Con il tempo vedremmo l'aumento di entropia ed è illogico pretendere che la complessità possa essere raggiunta a spese di altri esseri o usando la luce del Sole poiché nelle prime fasi dell'evoluzione della vita sulla Terra, non c'erano altri esseri e l'atmosfera non permetteva ai raggi del sole di raggiungere il suolo.

Se al contrario consideriamo la vita come un fenomeno sintropico, si applica il principio di finalità che porta ad aumentare la differenziazione, la complessità e l'armonia.

Il pianeta Terra può essere considerato come un immenso organismo vivente. Il fatto che le specie siano interdipendenti, che non possano vivere l'una senza le altre, per esempio i frutti hanno bisogno degli insetti per l'impollinazione, abbiamo bisogno di verdure... tutte queste specie possono essere considerate come parti di un organismo più complesso orchestrato da una finalità, che può essere raggiunta solo attraverso la differenziazione.

Negli esseri umani le cellule cooperano verso fini più ampi e solo in situazioni patologiche, quando perdono il loro fine, si sviluppano in modo eccessivo, soffocando altre cellule, come succede con il cancro.

All'inizio dell'evoluzione abbiamo semplici forme di vita, blocchi fondamentali che servono per realizzare forme di vita sempre più elevate. Le specie non sono causate da specie precedenti, ma sono attratte verso forme e disegni futuri.

La sintropia risolve la profonda dissimmetria che la seconda legge della termodinamica ha introdotto nell'universo. La teoria della sintropia mostra che le soluzioni che i fisici hanno escluso rappresentano esattamente l'essenza dei fenomeni della vita, che altrimenti sono impossibili da spiegare.

La sintropia è in grado di unificare in modo armonico diverse discipline scientifiche, aprendo così la strada ad una teoria del tutto che racchiude in un unico quadro teorico coerente tutte le manifestazioni dell'universo.

Con la formulazione del metodo sperimentale il problema della scienza è stato considerato definitivamente risolto. Questo metodo considera la causalità alla base di tutti i fenomeni naturali.

Il metodo sperimentale è usato per testare le relazioni di causa ed effetto. Se i risultati sono positivi l'ipotesi è accettata, altrimenti viene respinta. Gli esperimenti forniscono il verdetto che permette di separare ciò che è vero da ciò che è falso.

Il metodo sperimentale è profondamente diverso dal

metodo suggerito da Aristotele nella formulazione delle teorie ma che non forniva un modo per scegliere tra le varie ipotesi.

Il metodo sperimentale implica la legge della causalità e limita l'indagine scientifica ai fenomeni entropici. Possiamo quindi dire che la scienza galileiana è una scienza entropica.

Il metodo sperimentale è diviso in tre fasi: osservazione, formulazione di una teoria e convalida sperimentale delle ipotesi.

Come abbiamo visto in precedenza ogni fenomeno entropico ha un doppio sintropico e viceversa. Di conseguenza, sebbene sia impossibile utilizzare il metodo sperimentale per testare direttamente un'ipotesi sintropica, possiamo impostare un esperimento per testare l'ipotesi duale entropica. In questo modo lo studio dei fenomeni sintropici può essere condotto indirettamente studiando i fenomeni entropici corrispondenti.

Gli scienziati sintropici dovrebbero quindi cercare i doppi dei fenomeni entropici, poiché quando riescono a farlo è possibile progredire usando il metodo sperimentale.

Applichiamo questo duplice metodo a un fenomeno che deve ancora essere spiegato, come l'assorbimento di acqua e nutrienti dalla terra e il loro aumento nelle parti più alte della pianta.

L'ipotesi dell'osmosi non regge poiché le piante acquisiscono anche sali dalla terra. Anche l'idea che i capillari siano responsabili dell'innalzamento dell'acqua se pensiamo agli alberi che possono raggiungere l'altezza di 150 metri. Questi fenomeni di assorbimento dell'acqua e del suo innalzamento sembrano contraddire le leggi entropiche della fisica e ciò suggerisce che ci troviamo di fronte a fenomeni sintropici che non possono essere causati artificialmente. Possiamo quindi applicare il metodo della sperimentazione duale.

Per ottenere il doppio entropico, immaginiamo che il tempo scorra nella direzione opposta. Vedremmo la linfa scorrere verso il basso fino a raggiungere le radici e poi l'acqua e i sali disperdersi nel terreno. Questa doppia immagine può essere riprodotta, ad esempio, mettendo un palo non vivente nel terreno e osservando come l'acqua e i sali filtrano dall'alto verso il basso e attraverso il terreno. Questo processo entropico di filtrazione, che può essere facilmente causato in qualsiasi momento, dimostra che il processo a cui stiamo assistendo nelle piante è il doppio del processo di filtrazione. Possiamo quindi chiamarlo anti-filtrazione.

Si può obiettare che nella filtrazione la gravità aiuta il processo. Bene, quando cambiamo la direzione del tempo cambia anche la gravità e da una forza attrattiva diventa una forza repulsiva divergente che aiuta l'acqua a salire nel processo di anti-filtrazione che osserviamo nelle piante.

Ora, prendiamo la combustione dei tessuti vegetali. Questo è un fenomeno che possiamo causare a nostra volontà e che è quindi certamente entropico. Vediamo all'inizio un corpo altamente differenziato, costituito da complesse strutture di carbonio che assorbe l'ossigeno dall'aria e quando brucia emette anidride carbonica, acqua, calore e produce luce rossa.

Invertendo il verso temporale, passando da entropico a sintropico, ci aspettiamo che le emissioni di anidride carbonica, acqua, calore e luce rossa vengano assorbite. Questo lascia la radiazione complementare al rosso che è il verde. Se ci guardiamo attorno, noteremo che questo processo sintropico di colore verde esiste davvero ed è il processo della clorofilla, delle foglie verdi delle piante che assorbono anidride carbonica, acqua e calore. Il processo della clorofilla è quindi il doppio del processo entropico della combustione.

Studiare e determinare le leggi della combustione nei nostri laboratori può quindi consentirci di tenere conto della duplice proprietà della clorofilla.

È interessante notare che la coscienza, la volontà e la personalità umana sono processi orientati verso il futuro, mossi da finalità e non da cause. Possiamo quindi affermare che i fenomeni psichici, la nostra volontà e personalità possono generalmente essere considerati fenomeni sintropici. Per questo motivo non si riescono a studiare in modo esaustivo usando l'approccio sperimentale. È anche interessante notare che azioni come le reazioni impulsive ed emotive, che sono causate da qualcosa che è accaduto nel passato, sono attività dove la coscienza è ridotta.

Ciò che rende la vita diversa è la presenza di qualità sintropiche: finalità, obiettivi e attrattori. Ora, mentre consideriamo la causalità l'essenza del mondo entropico, è naturale considerare la finalità l'essenza del mondo sintropico. È quindi possibile dire che l'essenza della vita sono le cause finali, gli attrattori. Vivere significa tendere verso attrattori.

La legge della vita non è la legge delle cause meccaniche; questa è la legge della non vita, la legge della morte, la legge dell'entropia; la legge che domina la vita è la legge delle finalità, la legge della sintropia. Ma come vengono vissuti questi attrattori nella vita umana? Quando un uomo è attratto dai soldi, noi diciamo che ama i soldi. L'attrazione verso un obiettivo è sentita come amore.

Non sto cercando di essere sentimentale; Sto solo descrivendo risultati che sono stati dedotti logicamente da premesse che sono certe. La legge della vita non è la legge dell'odio, la legge della forza o la legge delle cause meccaniche; questa è la legge della non vita, la legge della morte, la legge dell'entropia. La legge che domina la vita è la legge della cooperazione verso obiettivi sempre più elevati, e questo vale anche per le forme più semplici della vita.

Nell'uomo questa legge prende la forma dell'amore, poiché per gli esseri umani vivere significa amare, ed è importante notare che questi risultati scientifici possono avere grandi conseguenze a tutti i livelli, in particolare al livello sociale, che ora è così confuso. La legge della vita è quindi la legge dell'amore e della differenziazione. Non va verso il livellamento ma verso forme più elevate di differenziazione. Ogni essere vivente ha la sua missione, le sue finalità, che, nell'economia generale dell'universo, sono importanti ... Oggi vediamo stampato nel grande libro della natura - che Galileo ha detto, è scritto in caratteri matematici - la stessa legge di amore che si trova nei testi sacri delle principali religioni.

ULISSE DI CORPO

Voglio ringraziare tutti per la vostra partecipazione.

La mia prima rappresentazione dell'universo era materialista, cercavo di spiegare tutto come interazione di materia ed energia.

Nel 1977, caddi in una forte crisi esistenziale con forti vissuti di depressione e di angoscia che non riuscivo a spiegare in termini di materia ed energia. La mia visione materialista si sgretolò.

Il 19 aprile 1977, ebbi improvvisamente l'intuizione che la coscienza e i sentimenti richiedono una proprietà aggiuntiva, simmetrica e complementare a quella dell'energia fisica.

Ciò mi portò a formulare la "teoria dei bisogni vitali". Una teoria che era in grado di spiegare l'origine della depressione e dell'angoscia e che mi diede la chiave per uscire dalla mia crisi esistenziale.

Sebbene fossi molto dotato in matematica e fisica, mi iscrissi alla facoltà di psicologia, dove rimasi però deluso dall'approccio materialista. Chiesi a un astrofisico, professore di matematica, di seguirmi nella tesi. L'argomento era la teoria dei bisogni vitali e l'energia complementare all'energia fisica divergente. Mi iscrissi poi ad un dottorato di ricerca in Statistica dove il preside, Vittorio Castellano, riconobbe nel mio lavoro la Teoria Unitaria di Luigi Fantappiè.

Le pubblicazioni di Fantappiè erano introvabili e continuai a sviluppare questa teoria da solo fino a quando incontrai Antonella Vannini che con il suo lavoro di dottorato ha fornito prove sperimentali impressionanti a sostegno della teoria della sintropia.

Una delle differenze principali del mio lavoro da quello di Fantappiè è che parto dalla duplice soluzione dell'equazione energia-momento-massa di Einstein, mentre Fantappiè parte dalla duplice soluzione dell'operatore di D'Alembert.

Tutti associano Einstein all'equazione Energia-Massa ($E=mc^2$), ma questa equazione fu pubblicata per la prima volta nel 1890 da Oliver Heaviside, poi nel 1900 da Henri Poincaré e nel 1903 da Olinto De Pretto, che la registrò al *Regio Istituto di Scienze* e la pubblicò in un articolo con prefazione del senatore e astronomo Giovanni Schiaparelli.

Sembra che la $E=mc^2$ sia arrivata ad Einstein tramite il padre Hermann, proprietario della *"Privilegiata Impresa Elettrica Einstein"*, che lavorando all'illuminazione stradale di Verona aveva frequenti contatti con Olinto De Pretto.

La $E = mc^2$ aveva un problema, non teneva conto della quantità di moto, il momento, che è anch'esso una forma di energia. Einstein risolse il problema aggiungendo il momento nell'equazione energia -momento-massa del 1905.

La energia-momento-massa è un'equazione di secondo ordine, al quadrato:

$$E^2 = m^2 c^4 + p^2 c^2$$

*Dove **E** è l'energia, **m** la massa, **c** la costante della velocità della luce e **p** il momento*

e ha due soluzioni: un'energia che diverge in avanti nel tempo e un'energia che diverge a ritroso nel tempo. Poiché ci muoviamo in avanti nel tempo, l'energia che diverge a ritroso nel tempo è per noi un'energia convergente: una forza convergente.

L'energia che diverge a ritroso nel tempo venne subito considerata impossibile ed Einstein la rimosse, togliendo dall'equazione il momento e tornando così alla $E=mc^2$, che ha sempre una sola soluzione in avanti nel tempo. Poteva farlo in quanto la velocità dei corpi fisici è praticamente nulla rispetto alla velocità della luce.

Tutto andò bene fino al 1924 quando Wolfgang Pauli scoprì lo spin dell'elettrone, un moto (un momento) che è prossimo alla velocità della luce. Di conseguenza, la meccanica quantistica richiede l'uso della energia-momento-massa, con la sua problematica soluzione a tempo negativo! La prima equazione che combinava la relatività di Einstein con la meccanica quantistica risale al 1926 e venne formulata da due fisici, Klein e Gordon. L'equazione di Klein-Gordon ha due soluzioni: onde anticipate che si propagano a ritroso nel tempo e onde ritardate che si propagano in avanti nel tempo. La soluzione delle onde anticipate venne respinta, poiché implica la retrocausalità, che era considerata impossibile.

La seconda equazione venne formulata nel 1928 da Paul Dirac. Dirac, cercò di risolvere il paradosso della duplice soluzione, ma si trovò con l'elettrone e il neg-elettrone (oggi chiamato positrone) che si propaga all'indietro nel tempo.

I positroni furono osservati sperimentalmente nel 1932 e poco dopo Pauli scrisse un saggio con lo psicologo Carl Gustav Jung dove, partendo dalla duplice soluzione, sosteneva che viviamo in un mondo supercausale, con cause che agiscono dal passato e sincronicità che agiscono dal futuro.

Ma nel 1933 Heisenberg, personaggio fortemente carismatico e con una posizione di primo piano nelle istituzioni e nel mondo accademico, dichiarò impossibile la soluzione a tempo negativo.

Il concetto di energia deriva dall'osservazione che i sistemi fisici possiedono una grandezza che può essere trasformata in una forza. Questa grandezza può assumere molte forme: calore, massa, elettromagnetismo, energia potenziale, energia cinetica, nucleare e chimica.

Tuttavia, la scienza moderna non ha ancora spiegato cos'è l'energia. Richard Feynman, Premio Nobel per la fisica, scrive in merito:

"È importante rendersi conto che in fisica non sappiamo cosa sia l'energia ... Esiste un fatto, o se si desidera, una legge che governa tutti i fenomeni naturali che sono noti fino ad oggi. Non c'è eccezione nota a questa legge - è esatta per quanto ne sappiamo. La legge è chiamata conservazione dell'energia. Afferma che esiste una certa quantità, che chiamiamo energia, che non cambia nelle molteplici trasformazioni che la natura subisce. Questo è un concetto astratto, un principio matematico; che afferma che c'è una quantità numerica che non cambia quando succede qualcosa. Non è una descrizione di un meccanismo o qualcosa di concreto, è solo un fatto strano. Possiamo calcolare una quantità e quando finiamo di guardare le trasformazioni della natura e calcoliamo di nuovo questa quantità, il risultato è lo stesso..."[10]

Questa è la prima legge della termodinamica che afferma

[10] Feynman R (1965), The Feynman Lectures on Physics, California Institute of Technology, 1965, 3.

che: *"L'energia non può essere creata o distrutta, ma solo trasformata"*.

Nell'equazione energia-momento-massa $(E^2 = m^2 c^4 + p^2 c^2)$ l'energia è al quadrato e ha due soluzioni: avanti e indietro nel tempo. Poiché il futuro è per noi invisibile, possiamo ipotizzare che esistono due realtà perfettamente bilanciate: una visibile e una invisibile. Queste due realtà sono unite dalla stessa energia e dalla stessa equazione.

Possiamo perciò scrivere:

$$E_{totale} = E_{visibile} + E_{invisibile}$$

L'energia totale è la somma dell'energia visibile e di quella invisibile

La realtà visibile si espande ed è governata dalla legge dell'entropia, mentre la realtà invisibile si contrae ed è governata dalla legge della sintropia.

Possiamo anche scrivere:

$$E_{totale} = E_{entropica} + E_{sintropica}$$

La prima legge della termodinamica afferma che l'energia è una costante, non può essere creata o distrutta, ma solo trasformata. Di conseguenza possiamo sostituire l'energia con il numero 1 e scrivere:

$$1 = Entropia + Sintropia$$

$$Entropia = 1 - Sintropia$$

Sintropia = 1 – Entropia

Queste relazioni mostrano che l'entropia e la sintropia sono parti complementari della stessa unità.

La definizione della sintropia è profondamente diversa da quella della neghentropia che non tiene conto del verso del tempo. Ciò ha conseguenze incredibili poiché implica che la vita, ma anche la realtà fisica, è il risultato dell'incontro di queste due energie, opposte ma complementari.

La contrapposizione vita/entropia è continuamente dibattuta da biologi e fisici. Schrödinger (premio Nobel per la fisica), rispondendo alla domanda su ciò che consente alla vita di contrastare l'entropia, rispose che la vita si nutre di un'energia che ha proprietà simmetriche a quelle dell'energia fisica.[11]

Albert Szent-Györgyi, premio Nobel per la fisiologia e scopritore della vitamina C, ha usato il termine "sintropia" per descrivere l'energia complementare all'entropia.[12]

La vita mostra sempre la tendenza a ridurre l'entropia e ad aumentare la sintropia. Quando fallisce, l'entropia prende il sopravvento e il sistema va verso la sofferenza e la morte. L'equazione energia-momento-massa implica tre tipi di tempo:

1. *Tempo causale.* Nei sistemi divergenti, come è il caso del nostro universo, domina l'entropia, le cause precedono sempre i loro effetti e il tempo scorre in avanti, dal

---

[11] Schrödinger E. (1944), Che cos'è la vita? www.amazon.it/dp/8845911241
[12] Szent-Gyorgyi A (1977), Drive in Living Matter to Perfect Itself, Synthesis 1977, 1(1): 14-26.

passato al futuro. Poiché prevale l'entropia, non sono possibili effetti a ritroso nel tempo, come onde luminose che si irradiano all'indietro nel tempo o segnali radio ricevuti prima di essere trasmessi.

2. *Tempo retrocausale.* Nei sistemi convergenti, come è il caso dei buchi neri, prevale la retrocausalità, gli effetti precedono sempre le loro cause e il tempo scorre all'indietro, dal futuro al passato. In questi sistemi non sono possibili effetti in avanti nel tempo e questo è il motivo per cui non viene emessa luce dai buchi neri.

3. *Tempo supercausale,* è atteso nei sistemi in cui le forze divergenti e quelle convergenti sono bilanciate. Un esempio è offerto dagli atomi e dalla meccanica quantistica. In questi sistemi la causalità e la retrocausalità coesistono e il tempo è unitario: passato, presente e futuro coesistono.

Questa classificazione del tempo ricorda l'antica divisione fatta dai greci in: *Kronos, Kairos* e *Aion.*

1. *Kronos* descrive il tempo causale, a noi familiare, fatto di momenti assoluti che fluiscono dal passato al futuro.

2. *Kairos* descrive il tempo retrocausale. Secondo Pitagora il kairos è alla base delle intuizioni, della capacità di sentire il futuro e di scegliere le opzioni più vantaggiose.

3. *Aion* descrive il tempo supercausale, in cui passato, presente e futuro coesistono. Il tempo della meccanica quantistica, del mondo subatomico.

La sintropia e l'entropia coesistono nel livello quantistico della materia, il livello dell'*Aion*, e a questo livello la vita può avere origine.

Sorge naturalmente una domanda: in che modo le proprietà della sintropia fluiscono dal livello quantico al livello macroscopico della nostra realtà fisica, che è governata dalla legge dell'entropia, trasformando la materia inorganica in materia organica?

Nel 1925 Wolfgang Pauli fornì la risposta. Scoprì nelle molecole dell'acqua il legame idrogeno. Gli atomi di idrogeno si trovano in una posizione intermedia tra il livello subatomico (*Aion*) e il livello molecolare (*Kronos*) e realizzano un ponte che consente alle proprietà della sintropia di fluire dal livello quantistico a quello macro.

I legami idrogeno rendono l'acqua diversa da tutti gli altri liquidi, aumentando le sue forze attrattive (sintropia), che sono dieci volte superiori alle forze di van der Waals che tengono insieme gli altri liquidi. Ciò causa comportamenti che sono simmetrici a quelli delle altre molecole e porta l'acqua a mostrare proprietà anomale. Ad esempio, quando congela si espande e diventa meno densa. Gli altri liquidi solidificandosi diventano più densi e si contraggono. Nell'acqua il processo di solidificazione inizia dall'alto, mentre negli altri liquidi inizia dal basso.

L'ipotesi che la vita abbia origine al livello quantistico, poiché a questo livello è disponibile la sintropia, suggerisce che man mano che le strutture viventi crescono ed entrano nel livello macroscopico si crea un conflitto con la legge opposta dell'entropia che tende verso la morte. Per sopravvivere agli effetti distruttivi dell'entropia, la vita deve acquisire sintropia dal livello quantistico e l'acqua fornisce il mezzo.

La sintropia implica la riformulazione della termodinamica:

1. *Principio di conservazione dell'energia*: l'energia non può essere né creata né distrutta, ma solo trasformata.
2. *Principio dell'entropia*: nei sistemi in espansione viene rilasciata energia, aumentando l'omogeneità. L'entropia è la grandezza con cui si misurata la quantità di energia che è stata rilasciata nell'ambiente.
3. *Principio della morte termica*: in sistemi isolati collocati in universi in espansione (come è il caso del nostro universo) l'entropia è irreversibile, la dispersione di energia non può diminuire.
4. *Principio della sintropia*: nei sistemi convergenti l'energia viene assorbita, aumentando la differenziazione e la complessità. La sintropia è l'entità con cui vengono misurate la concentrazione di energia, l'aumento della differenziazione e la complessità.
5. *Principio della concentrazione di calore*: in sistemi isolati collocati in universi convergenti la sintropia è irreversibile, la concentrazione di energia non può diminuire.

La natura perfettamente bilanciata e complementare dell'entropia e della sintropia implica che i sistemi, fisici o biologici, vibrino tra massimi di entropia e di sintropia. Queste vibrazioni assumono la forma di pulsazioni, come i battiti del cuore, la respirazione e i processi dinamici di espansione e contrazione che caratterizzano tutti gli esseri viventi e che nei fenomeni fisici prendono la forma di onde, come le onde luminose, le onde sonore e la natura ondulatoria della meccanica quantistica.

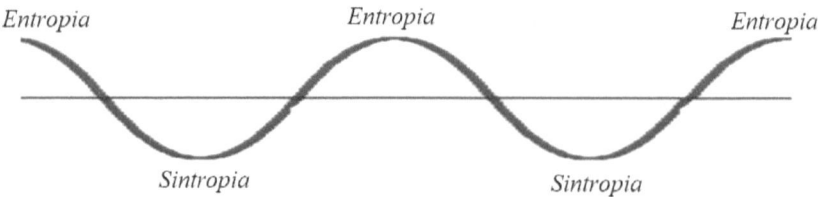

È importante notare che la concentrazione di energia non può avvenire all'infinito. Quando viene raggiunto il limite, il processo si inverte e l'entropia prende il sopravvento liberando energia e materia. A sua volta, il rilascio di energia non può essere infinito, quando viene raggiunto il limite il processo si inverte e prevale la sintropia, concentrando energia e materia.

Questo processo attiva uno scambio di energia e materia con l'ambiente: la sintropia assorbe e organizza, l'entropia rilascia e distrugge.

Questo scambio continuo è evidente nel metabolismo come:

1. *anabolismo* (sintropia) che assorbe energia e porta alla formazione di biomolecole complesse partendo da quelle più semplici dei nutrienti;
2. *catabolismo* (entropia) che decompone le biomolecole complesse in molecole strutturalmente più semplici rilasciando energia in forma chimica (ATP) o termica.

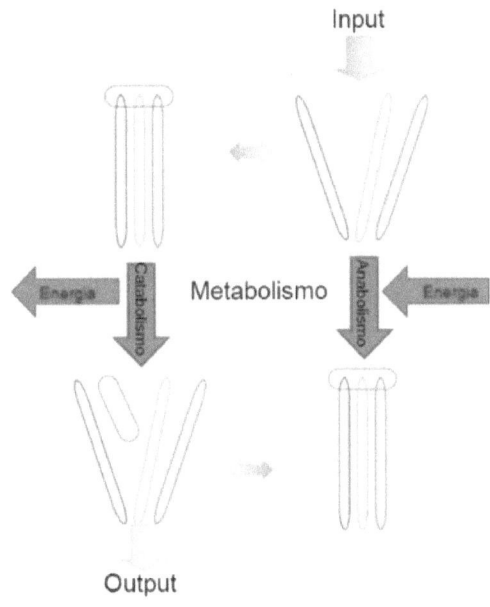

Input

Metabolismo

Energia   Catabolismo   Anabolismo   Energia

Output

Nel nostro livello macroscopico prevale l'entropia e il metabolismo richiede un ulteriore apporto di energia, che è generalmente fornito dall'energia del Sole.

Il metabolismo non è un esempio di moto perpetuo, poiché inevitabilmente si degraderà a causa dell'entropia. Al contrario, un esempio di moto perpetuo è fornito dall'atomo.

È noto che una carica elettrica che subisce un'accelerazione, ad esempio cambiamenti di velocità e direzione come accade con un elettrone, emetterà radiazioni elettromagnetiche, perdendo energia. Un elettrone che ruota dovrebbe trasformare l'atomo in una stazione radio in miniatura, la cui produzione di energia andrebbe a scapito della velocità dell'elettrone che seguendo una spirale precipiterebbe nel nucleo portando l'atomo a collassare.

Questo non succede! Vediamo che l'atomo continua ad esistere per sempre. Sono state avanzate diverse ipotesi, ma si sono rivelate tutte insoddisfacenti. L'interazione tra fasi entropiche e sintropiche suggerisce che l'atomo è un sistema che vibra tra fasi divergenti e fasi convergenti. Nella fase divergente prevale l'entropia, mentre in quella convergente prevale la sintropia che riequilibra gli effetti dell'entropia.

L'atomo d'idrogeno vibra 10^{14} volte al secondo. Quando si espande rilascia un quanto di energia, quando si contrae assorbe un quanto di energia. Questo è il motivo per cui l'energia è quantizzata, poiché può essere emessa solo nelle fasi divergenti e assorbita solo nelle fasi convergenti.

Nella fase divergente il tempo scorre in avanti, mentre nella fase convergente il tempo scorre all'indietro. Per noi, che osserviamo l'atomo dall'esterno, l'atomo sembra sospeso in un tempo unitario in cui convivono passato, presente e futuro.

Un modello simile è stato suggerito da Einstein a livello cosmologico. La vibrazione senza fine tra fasi di espansione e contrazione portò Einstein a teorizzare un universo ciclico in cui si alternano infiniti Big Bang (espansione) e Big Crunch (contrazione). Durante la fase del Big Bang l'universo si espande fino a quando le forze gravitazionali non causano il collasso dell'universo. Durante la fase del Big Crunch l'universo si contrae fino a quando le forze divergenti non fanno esplodere l'universo in un nuovo Big Bang.

Il termine "Big Bang" fu coniato da Fred Hoyle durante una trasmissione radiofonica della BBC nel marzo del 1949.

La prima formulazione della teoria del Big Bang risale a Lemaître, ma fu generalmente accettata solo nel 1964, quando la maggior parte degli scienziati si convinsero che i dati sperimentali confermano che si è verificato nel passato un evento simile al Big Bang.

Georges Lemaître, prete cattolico e fisico belga, sviluppò le equazioni del Big Bang e suggerì che l'allontanamento delle nebulose è dovuto all'espansione dell'universo e osservò una proporzionalità tra distanza e spostamento spettrale, ora nota come legge di Hubble.

Edwin Hubble e Milton Humason hanno mostrato che la distanza delle galassie è proporzionale allo spostamento del loro spettro luminoso verso il rosso, la frequenza più bassa. Ciò accade di solito quando la sorgente luminosa si allontana dall'osservatore o quando l'osservatore si allontana dalla sorgente. Più specificamente, si chiama *redshift* quando, osservando la luce emessa da galassie, quasar o supernove distanti, lo spettro appare spostato su frequenze più basse rispetto a quello di oggetti simili più vicini. Poiché il colore rosso è la frequenza più bassa nella luce visibile, il fenomeno ha ricevuto il nome di redshift, anche se viene utilizzato in connessione con qualsiasi frequenza, comprese le radiofrequenze.

Il redshift indica che le galassie si stanno allontanando l'una dall'altra, e più in generale che l'Universo è in una fase di espansione. Il redshift mostrano inoltre che le galassie e gli ammassi stellari si stanno allontanando da un punto comune nello spazio: più sono distanti da questo punto, maggiore è la loro velocità. Poiché la distanza tra le galassie sta aumentando, è possibile dedurre, tornando indietro nel tempo, densità e temperature sempre più elevate fino a raggiungere un punto in cui i valori tendono all'infinito e le leggi fisiche non sono più valide.

In cosmologia, il Big Crunch è un'ipotesi sul destino dell'universo. Questa ipotesi è esattamente simmetrica al Big Bang e sostiene che l'universo smetterà di espandersi e inizierà a collassare su se stesso.

Secondo l'ipotesi del Big Crunch l'attrazione gravitazionale di tutta la materia dell'universo causerà la contrazione dell'universo. La forza gravitazionale impedirà all'universo di espandersi e l'universo collasserà su se stesso. Mentre l'universo primordiale era altamente uniforme, un universo che si contrae diventerà sempre più diversificato e complesso. La materia inizierà a collassare in buchi neri, che poi si uniranno producendo buchi neri sempre più grandi per giungere infine alla singolarità del Big Crunch.

La teoria ciclica suggerisce che l'universo potrebbe collassare allo stato iniziale e quindi avviare un altro Big Bang. In questo modo l'universo durerebbe per sempre, attraversando infinite fasi di espansione e di contrazione.

Ma l'osservazione delle supernove lontane ha portato ad ipotizzare che l'espansione dell'universo non viene rallentata dalla gravità ma piuttosto sta accelerando.

Nel 1998 il redshift di supernove distanti ha portato a formulare l'ipotesi che l'universo si stia espandendo ad un ritmo accelerato. L'osservazione del redshift delle supernove suggerisce che le galassie si stanno allontanando a velocità crescente. Secondo queste osservazioni l'universo sembra espandersi a un ritmo crescente e ciò entra in contraddizione con l'ipotesi del Big Crunch.

Nel tentativo di spiegare queste osservazioni i fisici hanno introdotto l'idea dell'energia oscura. La proprietà più importante di questa energia sarebbe quella di esercitare una pressione negativa distribuita in modo relativamente omogeneo nello spazio, una specie di forza anti-gravitazionale che sta allontanando le galassie. Questa misteriosa forza antigravitazionale è considerata una costante cosmologica o energia del vuoto che porterà l'universo ad espandersi esponenzialmente. Tuttavia, fino ad oggi nessuno sa cos'è l'energia oscura o da dove provenga.

Al contrario, l'ipotesi ciclica suggerisce che l'aumento del tasso di espansione dell'universo non è dovuto ad una energia oscura o ad una misteriosa forza antigravitazionale, ma piuttosto al rallentamento del flusso del tempo. In altre parole, l'accelerazione sarebbe un'illusione causata dal tempo che sta rallentando.

Nel 1934 Richard Tolman respinse il modello ciclico dell'universo in quanto incompatibile con la seconda legge della termodinamica, che afferma che l'entropia deve sempre aumentare. Ciò implica che i cicli di Big Bang e di Big Crunch devono essere più lunghi e più ampi di quelli precedenti, perché l'entropia deve sempre aumentare.

L'ipotesi ciclica di Einstein non implica cicli più lunghi poiché la sintropia, durante la fase convergente del Big Crunch, compensa l'entropia. Quando viene raggiunta la massima espansione o la massima coesione, il tempo si inverte, dando origine al processo inverso. L'universo si muove avanti e indietro nel tempo. Durante la fase di espansione, il tempo scorre in avanti, mentre durante la fase di contrazione il tempo scorre all'indietro. Nell'universo ciclico causalità e retrocausalità, entropia e sintropia, coesistono e interagiscono costantemente.

La sintropia implica la retrocausalità. Tuttavia, nei laboratori di fisica sembra impossibile eseguire esperimenti sulla retrocausalità poiché tutti i modelli simmetrici rispetto al tempo portano a previsioni identiche a quelle dei modelli convenzionali.[13] Per questo motivo è impossibile distinguere tra risultati causali e retrocausali.

Nell'interpretazione transazionale della meccanica quantistica, John Cramer afferma:

"La natura, in un modo molto sottile, esegue delle transazioni retrocausali. Ma questo meccanismo non è visibile ai ricercatori anche a livello microscopico. La transazione completa cancella tutti gli effetti retrocausali e ciò non consente di inviare segnali a ritroso nel tempo. Il futuro influenza il passato in modo indiretto, offrendo possibilità di transazioni."[13]

Ma qualcosa di speciale succede con la gravità. Sperimentiamo continuamente la gravità, ma sappiamo cos'è la gravità? Possiamo causarla? L'energia a tempo negativo suggerisce che la gravità è una forza che diverge a ritroso nel tempo. Per noi che andiamo in avanti nel tempo si trasforma in una forza convergente che è invisibile in quanto proviene

---

[13] Cramer J.G. (1986), The Transactional Interpretation of Quantum Mechanics, Reviews of Modern Physics, Vol. 58: 647-688.

dal futuro.

Possiamo verificare questa ipotesi?

Sappiamo che l'energia a tempo positivo non può superare la velocità della luce, mentre l'energia a tempo negativo deve sempre propagarsi a velocità superiore a quella della luce, producendo in questo modo effetti istantanei (non-località). Misurando la velocità di propagazione della gravità dovremmo quindi essere in grado di verificare se la gravità dipende dalla soluzione a tempo negativo. Se è una manifestazione della soluzione a tempo negativo, la sua propagazione deve essere istantanea, altrimenti dovrebbe propagarsi a velocità inferiori o uguali a quella della luce.

È possibile eseguire tali misurazioni?

La risposta è stata fornita da Tom van Flandern, un astronomo americano specializzato in meccanica celeste. Van Flandern ha osservato che quando si misura la gravità non si osserva alcuna aberrazione e gli esperimenti pongono la velocità di propagazione della gravità a 10^{10} volte la velocità della luce.[14,15,16]

Con la luce l'aberrazione è dovuto alla sua velocità limitata. Ad esempio, la luce emessa dal Sole impiega circa 500 secondi per raggiungere la Terra. Quando guardiamo il Sole lo vediamo dov'era 500 secondi prima. Questa differenza ammonta a circa 20 secondi d'arco. La luce solare colpisce la Terra da un angolo leggermente spostato e ciò si

---

[14] Van Flander T. (1996), Possible New Properties of Gravity, Astrophysics and Space Science 244:249-261.

[15] Van Flander T. (1998), The Speed of Gravity What the Experiments Say, Physics Letters A 250:1-11.

[16] Van Flandern T. and Vigier J.P. (1999), The Speed of Gravity – Repeal of the Speed Limit, Foundations of Physics 32:1031-1068.

chiama aberrazione. Se la velocità di propagazione della gravità fosse limitata, ci aspetteremmo di osservare l'aberrazione anche per la gravità. Dovremmo osservare la gravità provenire dalla posizione occupata dal Sole quando la gravità aveva lasciato il Sole. Ma gli esperimenti non mostrano ritardi nella propagazione della gravità dal Sole alla Terra. La direzione dell'attrazione gravitazionale del Sole è esattamente dove si trova il Sole, non in una posizione precedente, e ciò dimostra che la velocità di propagazione della gravità è infinita.

Van Flandern nota che la gravità ha alcune proprietà speciali. Una è che il suo effetto su un corpo è indipendente dalla sua massa e che i corpi cadono in un campo gravitazionale con la stessa accelerazione, indipendentemente dal fatto che siano pesanti o leggeri. Un'altra proprietà è l'estensione infinita della forza gravitazionale. L'estensione non può essere infinita quando le forze si propagano in avanti nel tempo, a una velocità finita. L'altra curiosa proprietà della gravità è la sua azione e propagazione istantanea, che può essere spiegata solo se accettiamo che la gravità è una forza che diverge all'indietro nel tempo.

La teoria dei bisogni vitali nasce dall'ipotesi che la vita ha origini dal livello quantistico dove è disponibile la sintropia. La vita crescendo entra nel livello del macrocosmo che è governato dalla legge opposta dell'entropia. Per sopravvivere agli effetti distruttivi dell'entropia, i sistemi viventi devono perciò acquisire sintropia e contrastare l'entropia.

I sistemi viventi lottano costantemente contro l'entropia e, per sopravvivere, devono soddisfatte diverse condizioni, tra le quali troviamo condizioni materiali, come l'acqua, il cibo, un alloggio e anche diverse condizioni immateriali, come la necessità di significato e il bisogno di amore. Queste condizioni sono vitali, poiché quando non vengono soddisfatte il sistema viene preso dall'entropia e si autodistrugge, muore.

Quando un bisogno vitale viene soddisfatto solo parzialmente scatta un campanello d'allarme. Se abbiamo bisogno di acqua il campanello d'allarme è la sete, se abbiamo bisogno di cibo il campanello d'allarme è la fame. Lo stesso accade per i bisogni immateriali: se abbiamo bisogno di dare significato alla nostra esistenza il campanello d'allarme è la depressione, se abbiamo bisogno di amore e coesione il campanello d'allarme sono l'ansia e l'angoscia.

Analizziamo più attentamente questi tre bisogni vitali.

Il primo bisogno vitale è comunemente noto come *bisogni materiali*: per combattere gli effetti dissipativi dell'entropia, i sistemi viventi devono acquisire energia dal mondo esterno, proteggersi dall'entropia ed eliminare le scorie della distruzione delle strutture da parte dell'entropia. Queste condizioni includono l'acquisizione di energia dal mondo esterno attraverso il cibo e la riduzione della dissipazione di energia tramite un riparo e il vestiario; smaltire i rifiuti causati dall'entropia e seguire regole igieniche. Soddisfare i bisogni materiali porta a uno stato di assenza di sofferenza. La parziale soddisfazione, tuttavia, è segnalata dalla fame, dalla sete e dalle malattie. La totale insoddisfazione porta alla morte.

Il secondo bisogno vitale è comunemente indicato come **bisogno di amore**. La soddisfazione dei bisogni materiali non impedisce all'entropia di distruggere le strutture e l'organizzazione dei sistemi viventi. Ad esempio, le cellule muoiono e devono essere sostituite. Per riparare i danni causati dall'entropia, i sistemi viventi devono attingere alle proprietà rigenerative della sintropia che consentono di creare ordine e aumentare il livello di organizzazione. Un bisogno vitale è perciò quello di acquisire sintropia. Abbiamo visto che tramite l'acqua acquisiamo sintropia, tuttavia gli esperimenti mostrano che il sistema nervoso autonomo, che supporta le funzioni vitali, assolve anche alla funzione di acquisire sintropia. Poiché la sintropia funge da assorbitore e concentratore di energia, l'acquisizione della sintropia viene percepita con sensazioni di calore associate a benessere nell'area toracica in cui ha sede il sistema nervoso autonomo. Questi vissuti coincidono con ciò che di solito viene indicato come amore; la mancanza di sintropia è percepita come una sensazione di vuoto nella zona toracica e di sofferenza indicata con i termini ansia e angoscia. In breve, la necessità di acquisire sintropia è vissuta come necessità di amore e di coesione. Quando questo bisogno non è soddisfatto i campanelli d'allarme sono l'ansia, l'angoscia e il vuoto interiore. Quando questo bisogno è totalmente insoddisfatto, non siamo più in grado di sostenere i processi rigenerativi e l'entropia prende il sopravvento, portando il sistema alla morte.

Il terzo bisogno vitale è comunemente indicato come

bisogno di significato. Al fine di soddisfare le esigenze materiali produciamo mappe dell'ambiente circostante. Queste mappe danno origine al conflitto di identità dovuto al fatto che l'entropia ha gonfiato l'universo verso l'infinito, mentre la sintropia concentra la coscienza in spazi estremamente piccoli. Di conseguenza, quando ci confrontiamo con l'infinito dell'universo, scopriamo di essere pari a zero. Da un lato sentiamo di esistere, dall'altro siamo consapevoli di essere uguali a zero. Queste due opposte considerazioni *"essere o non essere"* non possono coesistere. Il conflitto di identità può essere scritto nel modo seguente:

$$\frac{Io}{Universo} = 0$$

Quando mi confronto con l'universo sono uguale a zero

L'*Universo* corrisponde all'entropia, mentre *Io* corrisponde alla sintropia. Il conflitto di identità è caratterizzato dal sentirsi una nullità, insignificanti, sentirsi privi di energia, depressi e in crisi esistenziale. Questi vissuti sono in genere accompagnati da tensioni nella testa, da ansia e angoscia.

Essere uguale a zero equivale alla morte, fatto incompatibile con l'esistere e il nostro sentire di esistere. E' quindi vitale cercare un'identità. Una delle prime strategie è quella di accrescere il proprio Ego tramite la ricchezza, il potere, il giudizio altrui, le ideologie e le religioni:

$$\frac{Io + giudizio\ altrui + ricchezza + popolarità + potere + \dots}{Universo} = 0$$

Ma qualsiasi valore abbiamo al numeratore, quando viene confrontato con l'infinito dell'universo porta sempre alla consapevolezza di essere uguale a zero. Il conflitto di identità può essere risolto solo grazie al teorema dell'amore:

$$\frac{Io \ x \ \cancel{Universo}}{\cancel{Universo}} = Io$$

Quando mi unisco all'universo, confrontato con l'universo, sono sempre Io

È importante notare che la moltiplicazione "x" corrisponde all'amore. Solo quando amiamo, possiamo rimuovere l'*Universo* dal numeratore e dal denominatore e l'equazione diventa Io = Io. Ciò mostra che quando ci uniamo all'universo attraverso l'amore, il conflitto di identità tra l'essere e il non-essere (Io = 0) si risolve e si trasforma in una conferma della nostra identità: Io = Io. In altre parole, l'amore risolve il conflitto di identità e dà significato all'esistenza e risolve anche il conflitto tra la sintropia e l'entropia, consentendo il passaggio dalla dualità alla non dualità.

Il Teorema dell'Amore mostra che l'obiettivo della vita è l'amore.

ANTONELLA VANNINI

Ringrazio gli organizzatori per questa bellissima opportunità.

Sono psicoterapeuta e ipnoterapeuta. Sono nata a Roma il 14 settembre 1972 e ho scoperto la Teoria Unitaria nel 2001 quando ho incontrato Ulisse e ho scelto di iscrivermi alla facoltà di psicologia, indirizzo cognitivo, dove ho approfondito nelle mie tesi e nel dottorato la Teoria Unitaria.

La prima tesi di laurea triennale era intitolata *"Entropia e sintropia, dalle scienze meccaniche a quelle della vita"* ed è stata pubblicata sulla rivista scientifica *NeuroQuantology*, la tesi di laurea specialistica era intitolata *"Entropia e sintropia: causalità e retrocausalità in psicologia"* ed è stata pubblicata sulla rivista Syntropy e la tesi di dottorato era intitolata *"Un modello sintropico della coscienza"* è stata pubblicata dall'ICRL di Princeton nel libro *"Syntropy, the spirit of love."*

Durante il dottorato di ricerca ho condotto diversi esperimenti per studiare l'ipotesi retrocausale della teoria unitaria.

L'idea della retrocausalità è stata sempre respinta in quanto nei laboratori di fisica sembra impossibile eseguire esperimenti a supporto di questa ipotesi.

Al contrario nei laboratori di psicologia, biologia e scienze della vita è facile eseguire esperimenti che dimostrano l'ipotesi retrocausale.

La teoria della sintropia postula che la sintropia è l'energia della vita. Di conseguenza i sistemi che supportano le funzioni vitali devono mostrare attivazioni retrocausali. Negli esseri umani il sistema nervoso autonomo sostiene le funzioni vitali. Si presume quindi che i suoi parametri, cioè la frequenza cardiaca e la conduttanza cutanea, debbano mostrare attivazioni retrocausali.

Le attivazioni pre-stimoli sembrano svolgere un ruolo chiave nella sopravvivenza e nel benessere dei sistemi viventi. Robert Rosen coniò l'espressione *Anticipatory Systems* (sistemi anticipatori). Rosen era rimasto colpito dalla quantità di comportamenti anticipatori che si osservano a tutti i livelli dell'organizzazione dei sistemi viventi che si comportano come veri e propri sistemi anticipatori. Sistemi in cui lo stato attuale cambia in base a stati futuri, violano la legge della causalità classica in base alla quale i cambiamenti dipendono esclusivamente da cause passate o presenti.

Scienziati e ricercatori hanno cercato di spiegare questo comportamento con teorie e modelli che escludono qualsiasi possibilità di anticipazione. Senza eccezioni, tutte le teorie e i modelli biologici sono classici nel senso che cercano cause solo nel passato o nel presente.[17]

Tuttavia, vari esperimenti mostrano l'esistenza di reazioni anticipate pre-stimolo nella conduttanza cutanea e nella frequenza cardiaca.

Uno studio condotto nel 1997 da Dean Radin[18] che monitorava la frequenza cardiaca, la conduttanza cutanea e la pressione sanguigna in soggetti a cui venivano mostrate immagini bianche per cinque secondi seguite da immagini

---

[17] Rosen R (1985) Anticipatory Systems, Pergamon Press, USA 1985.
[18] Radin DI (1997), Unconscious perception of future emotions: An experiment in presentiment, Journal of Scientific Exploration, 11(2): 163-180.

neutre o emotive[19] evidenziò attivazioni significative dei parametri del sistema nervoso autonomo, prima dell'esposizione ad immagini emotive.

Nel 2003 Spottiswoode e May hanno replicato gli esperimenti di Radin, aggiungendo controlli per escludere artefatti e spiegazioni alternative.[19] I risultati hanno mostrato un aumento della conduttanza cutanea 2-3 secondi prima della presentazione di stimoli emotivi.

Risultati simili sono stati ottenuti da altri autori, utilizzando vari parametri del sistema nervoso autonomo, ad esempio: McCarthy, Atkinson e Bradley[20], Radin e Schlitz[21], May, Paulinyi e Vassy[22].

Daryl Bem, professore di psicologia alla Cornell University, ha studiato la retrocausalità usando disegni sperimentali classici, ma secondo uno schema retrocausale.

Nel suo articolo del 2011 *"Feeling the Future: Experimental Evidence for Anomalous Retroactive Influence on Cognition and Affect"*[23], Bem descrive 9 esperimenti ben consolidati nella lettura scientifica in psicologia, nei quali è stata invertita la sequenza degli eventi, in modo che le risposte dei soggetti

---

[19] Spottiswoode P (2003) e May E, Skin Conductance Prestimulus Response: Analyses, Artifacts and a Pilot Study, Journal of Scientific Exploration, 2003, 17(4): 617-641.

[20] McCarthy R (2004), Atkinson M and Bradely RT, Electrophysiological Evidence of Intuition: Part 1, Journal of Alternative and Complementary Medicine; 2004, 10(1): 133-143.

[21] Radin DI (2005) e Schlitz MJ, Gut feelings, intuition, and emotions: An exploratory study, Journal of Alternative and Complementary Medicine, 2005, 11(4): 85-91.

[22] May EC (2005), Paulinyi T e Vassy Z, *Anomalous Anticipatory Skin Conductance Response to Acoustic Stimuli: Experimental Results and Speculation about a Mechanism*, The Journal of Alternative and Complementary Medicine. August 2005, 11(4): 695-702.

[23] Bem D (2011), *Feeling the future: Experimental evidence for anomalous retroactive influences on cognition and affect*, Journal of Personality and Social Psychology, Jan 31, 2011.

sperimentali avvenissero prima piuttosto che dopo lo stimolo.

Ad esempio, in un tipico esperimento di *priming*, al soggetto viene chiesto di giudicare se l'immagine è positiva (piacevole) o negativa (spiacevole), premendo un pulsante il più rapidamente possibile. Il tempo di risposta viene registrato. Poco prima dell'immagine viene mostrata brevemente una parola "positiva" o "negativa". Questa parola è chiamata *"prime"*. I soggetti tendono a rispondere più rapidamente quando il *prime* è congruente con l'immagine che segue (sia essa positiva che negativa), mentre i tempi di reazione diventano più lenti quando non sono congruenti (uno è positivo e l'altro è negativo). Negli esperimenti retrocausali, il *prime* viene mostrato dopo la risposta del soggetto e i risultati mostrano reazione più rapide quando il *prime* mostrato è congruente con l'immagine.

Durante il mio dottorato in psicologia cognitiva, ho condotto quattro esperimenti usando misurazioni della frequenza cardiaca per studiare l'ipotesi retrocausale di Fantappiè. Una descrizione dettagliata di questi esperimenti è disponibile nel libro *"Retrocausalità: esperimenti e teoria"*.[25]

Ogni prova sperimentale era divisa in 3 fasi.

Fase 1, presentazione: sullo schermo del computer venivano presentati 4 colori uno dopo l'altro: blu, verde, rosso e giallo. Ogni colore era mostrato per esattamente 4 secondi. Durante la presentazione si misurava la frequenza ad intervalli fissi di 1 secondo.

Fase 2, scelta: al termine della fase di presentazione, veniva mostrata un'immagine con 4 barre colorate per consentire al soggetto di scegliere il colore che pensava che il computer avrebbe selezionato.

Fase 3, selezione casuale del target: non appena il soggetto sceglieva, il computer selezionava il colore target, usando un processo casuale, e mostrava il colore selezionato a schermo intero sul monitor del computer.

Fase 1				Fase 2	Fase 3
blu	verde	rosso	giallo		**TARGET**

Target è il colore selezionato e mostrato dal computer nella terza fase.

L'ipotesi era la seguente: "*in presenza di un effetto retrocausale si aspettavano differenze tra le frequenze cardiache misurate nella fase 1 in base al target selezionato casualmente dal computer nella fase 3.*"

Le prove venivano ripetute 100 volte per ogni soggetto e i soggetti venivano supervisionati dallo sperimentatore solo durante la prima prova e lasciati soli per le restanti 99 prove. Di conseguenza, la prima prova non veniva presa in considerazione nelle analisi dei dati.

In assenza di retrocausalità le differenze delle frequenze medie dei battiti cardiaci dovevano variare attorno al valore 0.00. Tuttavia, i risultati mostrano che le differenze si allontanano dal valore 0.00 in base al colore target selezionato e visualizzato nella terza fase dal computer.

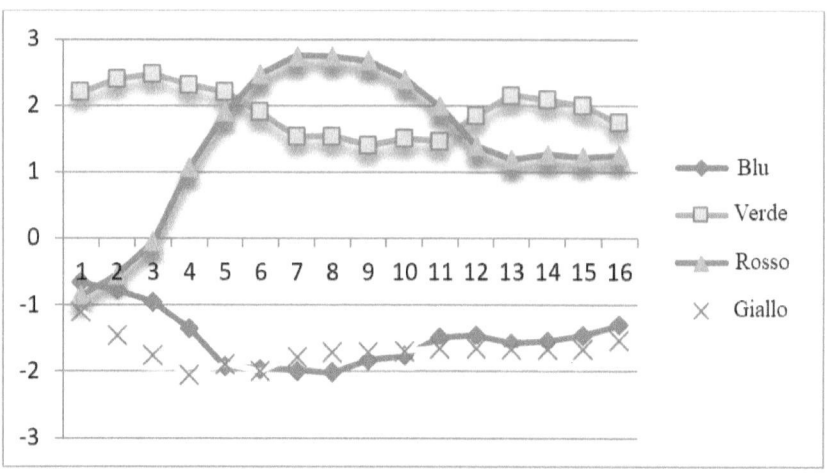

Differenze tra i valori medi delle frequenze cardiache nella fase 1
in base al colore target selezionato casualmente dal computer nella fase 3
(i dati sono relativi ad un soggetto)

Ogni soggetto mostra uno schema caratteristico delle reazioni pre-stimolo della frequenza cardiaca. In alcuni soggetti la frequenza cardiaca aumenta quando il colore target è blu e diminuisce quando il target è verde. Altri soggetti mostrano uno schema di risposta esattamente contrario.

Sebbene in tutti gli esperimenti si osservi un forte effetto retrocausale, i soggetti non hanno mostrato la capacità di indovinare correttamente il colore target. Nel complesso, il target viene indovinato poco più del 25% delle volte. Una volta su quattro, esattamente ciò che ci si aspetta per effetto del caso. In altre parole, la nostra razionalità sembra incapace di accedere alle informazioni pre-stimoli che il sistema nervoso autonomo, il cuore, già conosce.

Come dice Rainer Maria Rilke: "*Il futuro entra in noi, per trasformarsi in noi, molto prima che accada.*" Ma dobbiamo imparare ad ascoltarlo.

I vissuti del cuore sembrano essere fondamentali nel processo decisionale, aiutando la persona ad orientarsi correttamente verso il futuro.

Il neurologo Antonio Damasio, studiando pazienti affetti da deficit decisionali, ha osservato che lesioni specifiche della corteccia prefrontale in quei settori che integrano i segnali che arrivano dal corpo, portano alla percezione imperfetta o assente dei vissuti interiori e ad un comportamento che ha descritto come *"miope verso il futuro"*. Damasio ha suggerito l'ipotesi dei marcatori somatici, secondo la quale i sentimenti fanno parte del processo decisionale.

Damasio descrive i marcatori somatici nel modo seguente:

"una sensazione negativa viene avvertita nello stomaco prima dell'esito negativo di una decisione. Poiché questa sensazione è relativa al corpo, ho usato il termine tecnico **somatico***; e poiché indica un'immagine, il termine* **marcatore***."*[24]

I marcatori somatici possono essere misurati come reazioni del sistema nervoso autonomo, utilizzando i parametri di conduttanza cutanea e di frequenza cardiaca.

L'ipotesi dei marcatori somatici è stata studiata da Bechara attraverso l'Iowa Gambling Task.[25] Ai partecipanti è stato chiesto di scegliere le carte tra quattro mazzi diversi. Due mazzi assicuravano vincite modeste ma perdite limitate,

---

[24] Damasio AR (1995), L'errore di Cartesio, www.amazon.it/dp/8845911810
[25] Bechara A (1997), Damasio H, Tranel D and Damasio AR (1997) Deciding Advantageously before Knowing the Advantageous Strategy, Science, 1997 (275): 1293.

mentre gli altri due davano guadagni immediati ma portavano a perdite superiori.

Mentre i partecipanti normali imparavano a scegliere dai primi due mazzi, i pazienti con lesioni della corteccia prefrontale sceglievano dagli ultimi due, anche quando la regola implicita veniva esplicitata. Durante l'esperimento sono emersi tre tipi di reazioni del sistema nervoso autonomo, due dopo la scelta e una anticipata, prima della scelta. Due reazioni compaiono dopo la gratificazione o la punizione dovuta alla scelta della carta; una reazione si osserva prima di scegliere da uno dei due mazzi rischiosi. Questa risposta anticipata si manifesta solo nei soggetti normali, senza lesioni della corteccia prefrontale.

Damasio interpreta la reazione anticipatoria della conduttanza cutanea come un effetto dovuto all'apprendimento.

Un esempio molto semplice, che ha lasciato perplessi molti ricercatori, è fornito dalla strategia che i gatti usano quando vogliono saltare su un tavolo.

Non sono in grado di vedere cosa c'è sul tavolo, ma sentono l'odore del cibo e vogliono salirci sopra. Iniziano a girare intorno al tavolo fino a quando non scelgono un posto. Quindi iniziano a valutare il salto muovendo al rallentatore la schiena. Ma cosa stanno valutando, dal momento che è impossibile per loro vedere la parte superiore del tavolo? Non possono fare affidamento su informazioni razionali per la loro valutazione!

Tuttavia, quando saltano atterrano perfettamente nei punti più stretti!

Secondo l'ipotesi retrocausale i gatti iniziano un gioco che grazie ai vissuti interiori li porta a sentire l'esito futuro, arrivando in questo modo a selezionare l'opzione più vantaggiosa. Provano infiniti salti virtuali e sentono il risultato. Quando la sensazione è positiva, sanno che quello è il salto giusto e saltano.

Una situazione simile è stata descritta dal matematico Henri Poincaré. Poincaré notò che di fronte ad un nuovo problema iniziava utilizzando l'approccio razionale della mente cosciente e prendeva visione degli elementi del problema. Ma poiché le opzioni sono infinite e ci vorrebbero infinite vite per valutarle tutte, qualche altro tipo di processo porta all'opzione corretta. Questo processo seleziona la soluzione, tra tutte le infinite possibilità in modo inconscio.

Poincaré la chiamò intuizione e notò che è sempre accompagnata da una sensazione di certezza e bellezza:

"Le combinazioni utili sono proprio le più belle, intendo quelle più capaci di incantare, di attivare quella speciale sensibilità che tutti i matematici conoscono, ma di cui i profani sono così ignoranti. Tra il gran numero di combinazioni formate dal sé inconscio, quasi tutte sono senza interesse e senza utilità; ma proprio per questo motivo non attivano la sensibilità estetica. La coscienza non le conoscerà mai; solo alcune sono utili e di conseguenza belle e sono in grado di sollecitare questa speciale sensibilità che, una volta attivata, attirerà la nostra attenzione, dando la possibilità alla soluzione di diventare consapevole. ... E' questa speciale sensibilità che gioca il ruolo delicato di cui ho parlato, e che spiega perché chi ne è privo non sarà mai un vero creatore."[26]

Usiamo un'altra metafora.

In un lavandino pieno d'acqua non vediamo la formazione di complessità per effetto del caso. L'acqua tende verso uno stato di massima immobilità.

Quando viene introdotto un attrattore, ad esempio si toglie il tappo dal lavandino, l'acqua inizia a fluire e si organizza in modi che vengono guidati dall'attrattore, senza divergere da esso.

---

[26] Henri Poincaré, Mathematical Creation, from Science et méthode, 1908.

La sintropia è il grande attrattore unificante, che è alla base dei processi della vita ed è anche amore. Quando si attiva inserisce una direzione preferenziale e questa direzione è illuminata da vissuti di calore, benessere e bellezza, mentre la direzione che diverge dalla sintropia è segnalata da vuoto, sofferenza e angoscia.

Capita a molte persone di sperimentare presentimenti. Si è visto, ad esempio, che i vissuti viscerali consentono di evitare situazioni di pericolo: *"Improvvisamente sentii un senso di freddo associato a pericolo e gridai: no - no!"* Vissuti di terrore possono portare a scegliere diversamente ed evitare i pericoli.[27] In uno studio sui gli incidenti dei treni pendolari William Cox[28] trovò che quando un treno ha un incidente il numero di passeggeri a bordo è notevolmente inferiore al previsto. Cox effettuò controlli sull'orario di partenza, giorno della settimana, condizioni meteorologiche, ma la correlazione tra incidenti e minor numero di passeggeri veniva sempre confermata. I vissuti viscerali sembrano

---

[27] In Battle, Hunches Prove to be Valuable, The New York Times on July 28, 2009,
[28] Cox, W.E. (1956), "Precognition: An analysis," Journal of the American Society for Psychical Research, 1956(50): 99-109.

informare la persona in anticipo dell'incidente, provocando sensazioni di malessere che portano alcuni a non salire sul treno. Questo sembra essere il caso anche per gli incidenti aerei. Al momento dell'imbarco (dopo il check-in), circa il 2% dei passeggeri che si devono imbarcare su un aereo che avrà un incidente si sente male e non salgono a bordo.

I vissuti viscerali ci mettono in guardia su pericoli imminenti, usando un linguaggio arcaico, che gli animali conoscono e che noi chiamiamo "istinto". Ciò permette di sentire, con giorni di anticipo, i disastri naturali.

Il primo resoconto risale al 373 a.C., quando animali, tra cui ratti, serpenti e donnole, lasciarono in massa la città greca di Elice, pochi giorni prima di un devastante terremoto. Gli animali furono presi dal panico, i cani iniziarono ad abbaiare e a lamentarsi senza ragione.

In Cina, dove l'energia invisibile della vita è presa seriamente in considerazione, questi strani comportamenti sono usati come campanelli d'allarme. Nel 1975 gli abitanti di Haicheng, una città con un milione di abitanti, furono fatti evacuare dalle loro case. Pochi giorni dopo un terremoto di magnitudo 7,3 distrusse la città. Se il comportamento anomalo degli animali non fosse stato preso sul serio, sarebbero morte più di 150.000 persone.

Nella maggior parte delle culture troviamo la distinzione tra sentimenti ed emozioni, ma spesso confondiamo questi due concetti. Nella Teoria unitaria i sentimenti sono sintropici, collegati agli attrattori e al futuro, mentre le emozioni sono entropici, collegati ad esperienze passate.

I sentimenti forniscono le informazioni per convergere

verso l'attrattore. Poiché la sintropia è energia convergente, sentimenti di calore e di benessere nell'area toracica del sistema nervoso autonomo indicano che ci troviamo sulla strada giusta. Al contrario, sentimenti di vuoto, freddo e sofferenza ci avvertono che ci troviamo sulla strada sbagliata.

I sentimenti di solito vengono offuscati dalle emozioni e dal chiacchiericcio della nostra mente. Di conseguenza, per decidere bene dobbiamo imparare come calmare la mente e riconoscere i sentimenti dalle emozioni.

Un modo efficace è fornito dalla meditazione Zen. Durante la meditazione Zen i partecipanti non devono reagire agli stimoli, ma possono solo osservarli. Praticando la meditazione Zen scopriamo che i pensieri vengono alimentati dalle reazioni del cuore. Quando il cuore reagisce fornisce energia al pensiero, rafforzandolo. Quando non reagisce, il pensiero si dissolve. Il cuore decide quando reagire e quando stare in silenzio; la mente può solo adattarsi alla volontà del cuore. Noi siamo il cuore La nostra volontà è nel cuore. In questo modo lo scettro del potere si sposta dalla testa al cuore e il chiacchiericcio della nostra mente si calma. L'importanza del silenzio si ritrova in molte tradizioni. Il silenzio condiviso aiuta a calmare il chiacchiericcio della mente e a concentrarci sul cuore.

La nostra voltà sta nel cuore! Questa affermazione fornisce una spiegazione ad alcuni strani fatti.

Benjamin Libet[29], ricercatore nel dipartimento di fisiologia dell'Università della California, San Francisco, ha condotto

---

[29] Libet, B (1985), *Unconscious cerebral initiative and the role of conscious will in voluntary action*, The Behavioral and Brain Sciences 8: 529-566.

alcuni esperimenti nel campo della volontà, misurando i potenziali di attivazione della volontà.

I risultati mostrano che i muscoli iniziano ad agire prima dell'attivazione della volontà. L'interpretazione di Libet è che reagiamo automaticamente e che il libero arbitrio è solo un'illusione della nostra mente.

La Teoria Unitaria, al contrario, suggerisce che il cuore, essendo sintropico e sede della volontà, è guidato dalla retrocausalità. Attiviamo i muscoli, prima che la mente cosciente diventi consapevole della volontà del cuore.

EPILOGO

La Teoria Unitaria può essere applicata nei campi più diversi: dalla fisica, alla biologia, alla psicologia, all'economia, alle scienze sociali, alle arti, alla teleologia e alla teologia.

- Il ruolo delle intuizioni

Un esempio di come le intuizioni siano legate al futuro e alla ricchezza è stato offerto da Steve Jobs, il fondatore della Apple Computer, una delle aziende di maggior successo. Questo esempio mostra anche la difficoltà che si incontra nell'armonizzare il visibile con l'invisibile.

Jobs, nato nel 1955, dopo il liceo si avventurò in India, da dove tornò con una visione totalmente nuova della vita. Era solito ripetere che: *"Le persone nelle campagne indiane non usano l'intelletto come facciamo noi, ma usano le intuizioni. Le intuizioni sono molto potenti, più potenti dell'intelletto."*

Nel 1976, vide a casa di un amico il circuito stampato di un computer ed ebbe l'intuizione di un computer che si potesse tenere in una mano. Jobs aveva imparato in India che le intuizioni offrono visioni del futuro. Andando contro l'opinione degli altri, che consideravano i personal computer cose per pochi matti, chiese a Steve Wozniak di sviluppare un prototipo, che chiamò Apple I. Riuscì a venderne alcune centinaia. Il successo dell'Apple I portò a sviluppare un modello più avanzato, alla portata di tutti: l'Apple II. Jobs aveva una mente artistica, non tecnica. Le sue intuizioni si basavano sull'estetica e sul minimalismo, che combinò assieme nell'Apple II facendolo diventare un successo senza precedenti.

Steve Jobs nutriva le sue doti intuitive con una vita frugale e minimalista nella quale cercava di ridurre l'entropia al minimo. Era vegano, praticava la meditazione Zen gli piaceva trascorrere tempo in mezzo alla natura. Litigava continuamente con i "razionalisti" e con John Sculley, manager che aveva voluto alla direzione dell'Apple. Nel 1985 il conflitto divenne così grave che il consiglio di amministrazione decise di licenziare Jobs, dalla società che lui aveva fondato. L'Apple continuò a sopravvivere con i prodotti che Jobs aveva progettato, ma dopo poco iniziò il declino.

A metà degli anni Novanta l'Apple era sull'orlo della bancarotta e il 21 dicembre 1996 il consiglio di amministrazione chiese a Jobs di tornare come consigliere personale del presidente. Jobs acconsentì. Chiese uno stipendio di un dollaro l'anno e la garanzia che le sue intuizioni, sebbene folli, venissero accettate senza alcuna condizione. In pochi mesi rivoluzionò i prodotti e il 16 settembre 1997 divenne CEO ad interim. In meno di un anno ridiede vita alla Apple che trasformò nell'azienda con i maggiori profitti di qualsiasi altra azienda e con il più grande valore di mercato.

Come ci riuscì? *"Non lasciate che il rumore delle opinioni degli altri soffochino la vostra voce interiore. E, soprattutto, abbiate il coraggio di seguire il vostro cuore e le vostre intuizione. In qualche modo sanno già cosa volete veramente diventare. Tutto il resto è secondario."*

Sebbene Jobs fosse in grado di generare immense ricchezze, non considerava il denaro di sua proprietà, ma uno strumento per raggiungere un fine. La capacità di intuire era la sua ricchezza, la sua creatività e genialità, alla base del suo potere di innovazione.

Einstein riteneva che: *"La mente intuitiva è un dono sacro e la mente razionale è il suo fedele servitore. Ma abbiamo creato una società che onora il servo e ha dimenticato il dono."*

L'attenzione di Jobs era nel cuore e non aveva paura della morte: *"Quasi tutto, tutte le aspettative, tutto l'orgoglio, la paura di imbarazzo o fallimento, si annullano di fronte alla morte, lasciando solo ciò che è veramente importante. Ricordare che moriremo è il modo migliore per evitare la trappola di pensare che abbiamo qualcosa da perdere. Siamo già nudi. Non c'è motivo di non seguire il nostro cuore."*

Jobs spesso diceva che la sua missione, il suo attrattore, era realizzare un computer che si potesse tenere in una mano. È morto pochi mesi dopo la presentazione dell'*i*Phone, il computer che si può tenere in una mano. La sua vita testimonia che la ricchezza viene dal mondo invisibile. Ci viene donata dalle intuizioni e le intuizioni riducono l'entropia e anticipano il futuro.

- Gli attrattori in biologia: l'esempio dell'agricoltura sintropica

Quando proviamo a spiegare l'intelligenza e l'ordine in base a cause passate, ci troviamo di fronte a contraddizioni e paradossi logici, poiché i processi di mutazioni casuali sono un prodotto dell'entropia e possono solo portare ad un aumento del disordine. Tuttavia, con la vita assistiamo ad una incredibile convergenza delle strutture biologiche verso progetti comuni, nonostante le differenze individuali.

Ad esempio, possiamo sicuramente indicare diverse razze, come gli europei, gli asiatici e gli africani, ma c'è qualcosa che unisce tutti, rendendoli tutti esseri umani.

Considerando solo il passato, è impossibile spiegare perché gli individui convergano verso gli stessi progetti e la stabilità di questi progetti nel tempo. Al contrario, gli attrattori, retroagendo dal futuro, possono spiegare tutto questo.

Gli esperimenti ideati da Rupert Sheldrake possono chiarire questo punto. Quando individui di una specie imparano a risolvere un compito, la conoscenza si diffonde in modo invisibile e immateriale a tutti gli altri individui della stessa specie.

Gli attrattori si comportano come dei ripetitori. Le informazioni individuali arrivano all'attrattore e vengono selezionate. Quando sono vantaggiose, ad esempio quando un individuo risolve un compito, l'informazione viene condivisa dall'attrattore a tutti gli altri individui. Gli attrattori operano come un ponte tra gli individui, costruendo così una conoscenza condivisa. I membri dello stesso attrattore, come gli animali di una stessa specie, sono in grado di condividere le conoscenze in modo invisibile, senza utilizzare alcun mezzo fisico.

Questi esperimenti sono relativamente semplici. Ad

esempio, quando i topi in un laboratorio imparano a risolvere un compito che procura un vantaggio, tutti gli altri topi della stessa specie, in tutto il mondo, mostrano la tendenza a risolvere lo stesso compito più rapidamente. Ciò accade ogni volta che sono in gioco gli attrattori. Quando viene prodotto un nuovo cristallo il processo di cristallizzazione diventa più veloce in tutto il mondo.

La Teoria unitaria suggerisce che gli attrattori ricevono informazioni ed esperienze dagli individui, selezionano ciò che è vantaggioso e ridistribuiscono questa informazione usando il canale retrocausale.

Questo processo trasforma le informazioni in informazioni. Informazioni intelligenti, che forniscono soluzioni, disegni e progetti. Il verbo "informare" deriva dal latino "in-formare", che significa "dare forma".

Aristotele credeva che "in-formare" è una proprietà fondamentale dell'energia e della materia. L'in-formazione non ha un significato immediato, come la parola "conoscenza", ma comprende piuttosto una modalità che fornisce forma.

Una volta che un progetto prende forma nell'attrattore, può esprimersi in tutti gli individui ad esso collegati. Il sistema nervoso autonomo collega gli individui all'attrattore e in questo modo svolge un ruolo chiave nel collegare gli individui tra loro, trasmettendo e ricevendo informazioni dall'attrattore.

Nonostante l'incredibile quantità di intelligenza che il processo di in-formazione richiede, questa è presente a tutti i livelli dell'organizzazione della vita. Non dipende dalla mente cosciente e dal libero arbitrio, ma dalla mente inconscia. Il sistema nervoso autonomo, cioè la mente inconscia, si comporta come un meccanico che consulta il libro del produttore per eseguire riparazioni e mantenere il sistema il più vicino possibile al progetto. Il progetto non è meccanico e le istruzioni sono scritte con l'inchiostro dell'amore.

Poiché possiamo accedere all'informazione grazie alle intuizioni, le intuizioni sono alla base di qualsiasi attività sintropica. Un esempio è fornito dall'agricoltura sintropica che è stata sviluppata da Ernst Götsch in Brasile. Götsch utilizza un approccio intuitivo che lo porta a sentire di cosa il suolo e le piante hanno bisogno. Utilizzando questo approccio è in grado di trasformare terreni aridi in ricchi sistemi agroforestali nel giro di pochi anni, ottenendo raccolti superiori alla media e aumentando la biodiversità. Con questo approccio intuitivo Götsch è in grado di trasformare i deserti in foreste, rendendo il terreno ricco di sostanze nutritive, per un'agricoltura di alta qualità.

Dopo anni di intenso uso di pesticidi e fertilizzanti, i terreni stanno diventando aridi e la produzione agricola sta iniziando a diminuire. È quindi fondamentale spostarsi verso un'agricoltura in grado di rigenerare il suolo. L'agricoltura sintropica offre questa possibilità, grazie al fatto che segue la legge della sintropia.

Götsch è stato contattato da multinazionali che sono interessate ad utilizzare questo approccio su grande scala. Ma è difficile trasferire le capacità intuitive. Come possono le persone essere addestrate a diventare intuitive e percepire ciò di cui il suolo e le piante hanno bisogno? Come possiamo stabilire la connessione con l'attrattore e sentire l'informazione?

Un esempio è fornito dagli artisti. Quando sentiamo un musicista suonare in modo "*divino*" è perché il loro stato di trance li collega direttamente con l'attrattore. I cuochi migliori non seguono ricette, ma "*sentono*" come combinare gli ingredienti. La connessione con l'attrattore si stabilisce a livello inconscio, tramite stati di tacere che spostano lo scettro del potere nel cuore.

- Unità nella diversità
l'universo auto-organizzante e la vita sulla Terra

Gli attrattori portano le parti a convergere. L'unità del nostro Sé si rafforza quando convergiamo verso l'attrattore. Quando, al contrario, la coesione è bassa, il chiacchiericcio della mente tende ad essere forte e la nostra personalità si frantuma.

Convergere è terapeutico poiché unisce le nostre parti e le porta a cooperare. Il paleontologo evoluzionista Teilhard de Chardin ha notato che l'incredibile stabilità delle specie è data dal fatto che gli individui convergono verso lo stesso attrattore e ha sostenuto l'idea che la vita e l'evoluzione sia guidata da attrattori, da una gerarchia di attrattori, fino ad arrivare all'attrattore finale che ha indicato come punto Omega. Gli attrattori rinforzano il Sé, aumentano l'individualizzazione e la differenziazione, tuttavia conducono anche verso l'unità. Sembra una contraddizione, ma unità e diversità sono parte dello stesso processo.

Il tema degli attrattori è stato al centro della ricerca di Teilhard:

"Ridotto alla sua essenza, il problema della vita può essere espresso in questo modo: accettando i due princìpi di conservazione dell'energia e dell'entropia, come possiamo assimilare senza contraddizione, una terza legge universale (che è espressa dalla biologia), quella dell'organizzazione dell'energia? … la situazione diventa chiara quando consideriamo, alla base della cosmologia, l'esistenza di una sorta di anti-entropia."

Teilhard formulò l'ipotesi di un'energia convergente, simile alla sintropia:

"…non solo un tipo di energia, ma due energie diverse; due energie che non possono trasformarsi direttamente l'una nell'altra, perché operano a livelli diversi … Il comportamento di queste due energie è così completamente diverso e le loro manifestazioni così irriducibili che siamo portati a credere che appartengano a due modi totalmente indipendenti di spiegare il mondo. Eppure, poiché l'uno e l'altro sono nello stesso universo e si evolvono allo stesso tempo, deve esserci una relazione segreta."

Attrattori, punto Omega, sintropia, scopo e missione sono sinonimi. Missione o scopo sono in genere utilizzati per gli individui, "punto Omega" per la fonte della sintropia e per l'evoluzione della vita.

- Bellezza nelle creazioni scientifiche

Molte persone pensano che la scienza sia arida e meccanica, ma non è così. Il vero lavoro dello scienziato consiste nel trovare nuove regole e leggi e ciò avviene principalmente tramite il processo dell'intuizione, un processo guidato dal sentire piuttosto che dalla razionalità.

La bellezza e l'armonia di solito guidano la scoperta scientifica. Inventare non significa creare nuove combinazioni partendo da entità già note, ma scoprire nuove entità e combinazioni significative. Le possibilità sono infinite e un'intera vita non basterebbe per esaminarle tutte.

Le intuizioni, le illuminazioni improvvise, i vissuti di calore e di bellezza guidano le scoperte scientifiche.

Questi vissuti interiori di bellezza e di calore guidano la creatività e i processi di scoperta. Che cosa suscita questi vissuti? L'armonia delle parti? Il fatto che la mente senza sforzo riesca ad abbracciare la loro totalità mentre realizza i dettagli? Il fatto che questa armonia soddisfa allo stesso tempo il bisogno di amore e il bisogno di significato?

- Il ruolo della morte

Il lato invisibile della realtà è l'aspetto più importante della vita. Possiamo sentirlo, ma non possiamo vederlo. E' associato a ciò che la gente di solito chiama coscienza, anima o spirito.

Siamo anime incarnate. Tuttavia, il corpo è soggetto all'effetto dell'entropia e muore, mentre l'anima è soggetta all'effetto della sintropia e si evolve gradualmente verso l'attrattore fino a giungere al punto Omega, all'amore.

L'anima è immortale, non muore, ma deve fare esperienze fisiche per apprendere ed evolversi. Quando siamo incarnati, abbiamo bisogno di fornire un significato alla nostra esistenza e ciò porta ad attaccarci in modo a-critico e dogmatico alla nostra fonte di significato. Ciò aumenta l'entropia e la morte è necessaria per staccarci dai nostri attaccamenti e consentirci di proseguire il percorso verso il punto Omega.

Vibriamo costantemente tra il visibile e l'invisibile, tra la vita e la morte. La morte non è la fine, ma solo la transizione verso l'invisibile, mentre la nascita è la transizione verso il visibile. La nascita ci porta nel mondo dell'entropia, mentre la morte ci porta nel mondo della sintropia. La morte fa parte del nostro processo di evoluzione verso la fonte della vita, l'amore, e non dovremmo perciò averne paura.

- *Il futuro dell'umanità*

Siamo testimoni di uno dei periodi più difficili della storia dell'umanità. Inquinamento, criminalità, malattie, abuso di droghe, famiglie che si disintegrano, nazioni indebitate e tasse alle stelle. Viviamo in un'era dominata dall'entropia e dalla sofferenza e la maggioranza della popolazione è convinta che non esista via d'uscita.

Tuttavia, se la vita si alimenta di sintropia, la vita dovrebbe seguire una catena causale a ritroso nel tempo. Un'apocalisse che portasse l'umanità all'estinzione spezzerebbe questa catena retrocausale e la vita sarebbe perciò impossibile nel presente.

Solo il fatto che esistiamo è la prova che continueremo ad evolverci come umanità verso l'attrattore e che alla fine l'amore e la cooperazione trionferanno. Questo percorso non sarà facile, poiché ci troviamo ancora lontani dalla sintropia e le persone non vogliono cambiare. Ciò si manifesta inevitabilmente con livelli di sofferenza estremamente elevati che portano ad aumentare la crisi contemporanea.

Come diceva Rainer Maria Rilke: "*Il futuro entra in noi, per trasformarsi in noi, molto prima che accada.*" Dobbiamo iniziare ad ascoltarlo.

LIBRI

Tra parentesi viene riportato il codice ASIN che, nel caso vi fossero difficoltà, potete inserire nella ricerca di Amazon per trovare il libro.

L'Attrattore (B0GX5MSWR6)
Introduzione alla Sintropia (B07R8KY6MR)
Entropia e Sintropia: dalle Scienze della Meccanica alle scienze della Vita (B06XGTJNJR)
Un Modello Sintropico della Coscienza (B06XRYJ98F)
L'equilibrio dinamico tra Entropia e Sintropia (B07VT77LGP)
La Teoria Unitaria (B07WRVM5CH)
Teilhard e Fantappiè: l'Evoluzione convergente (B006WCA89S)
Retrocausalità (B07WXQGNGW)
Supercausalità (B07WMS36Z7)
Origini della vita, evoluzione e coscienza alla luce della legge della sintropia (B005HHDF94)
La Teoria dei Bisogni Vitali (B005W3BX88)
La Metodologia delle Variazioni Concomitanti (B07T8651S5)
Terza Guerra Mondiale o Sintropia? (B0FSF8VMNT)
Apocalisse e Sintropia (B0B53NLW6H)
Sintropia e Omeopatia (B07JYL9ZLP)
Fiori di Bach, Sincronicità e Attrattori (B0876K255W)
Cambiamento Climatico (B07SWC3756)
Stiamo Entrando nella prossima Era Glaciale? (B07YJ43DHS)
Sintropia la Trilogia (B09SQ9NNHK)
Denaro (B07S3GKX3T)
Depressione (B07XBL3S93)
Liquidarismo, Sintropia c Bisogni Vitali (B07Q4HV2V5)
Sintropia, Precognizione e Retrocausalità (B07WXQGNGW)
La Forza Invisibile dell'Amore (B01GCMV4JA)
Il Cammino Verso la Felicità (B075WW8CCL)
Colonizzazione di Marte, Era Glaciale, Teletrasporto Biologico e Paradiso Terrestre (B09515HQNX)

NOTE

www.ingramcontent.com/pod-product-compliance
Lightning Source LLC
Chambersburg PA
CBHW021456210526
45463CB00002B/793